U0232084

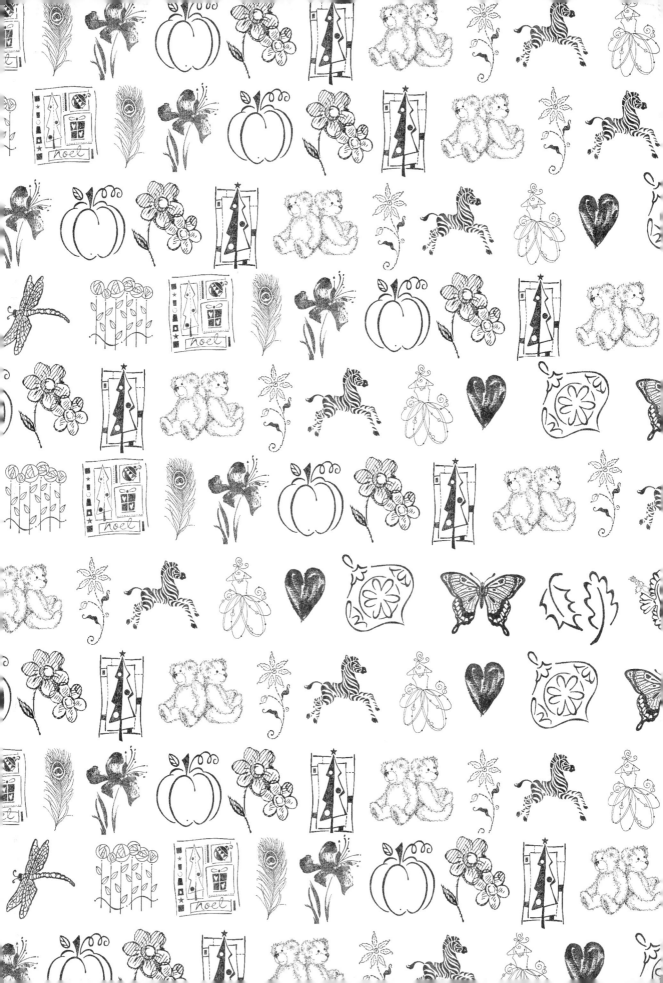

作者声明

在此感谢参与制作此书的团队，特别是责任编辑菲欧娜（Fiona）、编辑珍妮佛（Jennifer）、设计师丽萨（Lisa）和责任编辑乔（Jo），还有才华横溢的摄影师卡尔（Karl），和他合作非常愉快。

创作此书时，我正经历一段相当困难的时光。亲友在这期间给了我巨大的支持，让我能完成这个任务。在此感谢所有人：爸爸和妈妈，琳达（Linda）、苏（Sue）、凯文（Kevin）、马克（Mark）和巴里（Barry）。

也感谢"木器"（Woodware）公司的朱迪思（Judith）、玛吉（Maggie），感谢你们给予我创作这本书所需的时间、空间和支持理解。

THE RUBBER STAMPER'S BIBLE

橡皮章圣经

[英]弗朗索瓦丝·里德 著　　孙琳 译

中国画报出版社·北京

图书在版编目（CIP）数据

橡皮章圣经 / (英) 弗朗索瓦丝·里德著 ; 孙琳译
. -- 北京 : 中国画报出版社, 2018.5
　ISBN 978-7-5146-1522-7

　Ⅰ.①橡… Ⅱ.①弗… ②孙… Ⅲ.①印章－手工艺
品－制作 Ⅳ.①TS951.3

中国版本图书馆CIP数据核字(2017)第321215号
北京市版权局著作权合同登记号：图字01-2018-0580

橡皮章圣经

［英］弗朗索瓦丝·里德　著　　孙琳　译

出 版 人：于九涛
策划编辑：赵清清
责任编辑：代莹莹
装帧设计：詹方圆
责任印制：焦　洋

出版发行：中国画报出版社
地　　址：中国北京市海淀区车公庄西路33号　邮编：100048
发 行 部：010-68469781　010-68414683（传真）
总编室兼传真：010-88417359　版权部：010-88417359

开　　本：16 开（787mm×1092mm）
印　　张：9
字　　数：168千字
版　　次：2018年5月第1版　2018年5月第1次印刷
印　　刷：北京汇瑞嘉合文化发展有限公司
书　　号：ISBN 978-7-5146-1522-7
定　　价：118.00元（58+60）

目录

欢迎来到
橡皮章的世界!

橡皮章是一种非常简单却又非常有用的手工艺,有橡皮章在手,你就能化腐朽为神奇。橡皮章上面有现成的图画,所以你不一定非要会画画,懂得如何运用就可以帮助你表现自己的创造力。在你专注于形成自己的创作风格时,就让橡皮章发挥它的魔力吧。在如今人人都行色匆匆的时代,橡皮章这门手工艺不仅有趣,而且有治愈的效果。但是你可要小心,玩橡皮章可是会上瘾的。一旦你进入橡皮章世界,你就再也放不下它了!这本书会给你关于橡皮章的逐步指导,就跟学习专业的课程一样,只不过你可以在自己舒适的家中,按照自己的节奏去做。入门指导这部分包括了许多关键性的准备工作,能为后面的各章打下基础,而这些章节中,每一章都介绍并展示了一种更为复杂的工艺,是你进行个人创作的敲门砖。对于有经验的橡皮章玩家来说,这些章节能帮助他们进一步提高技艺、开拓艺术创造的视野。

橡皮章的起源

橡胶成为商品已经有好几百年的历史了。不过，直到查尔斯·古德伊尔（Charles Goodyear）发明了硫化橡胶（一种使橡胶硬化的技术），人们才在开发橡胶多种实际用途上更进一步，橡皮章就是其中一种。在橡皮章出现之前，人们使用金属印章，至于世界上第一个橡皮章到底源自哪里，至今仍是个谜。早期的橡皮章是一种打标记的工具，例如，我们现在还能看到银行、邮局和图书馆使用橡皮章。就算艺术家巴勃罗·毕加索（Pablo Picasso）在他的拼贴作品中部分使用了橡皮章，橡皮章仍主要用于商业用途。据说，现代的橡皮章手工艺在20世纪80年代发源于美国，随着技术的发展，现在我们能投身到更精细、更具艺术性的橡皮章设计中了。

我如何开始？

如果你是个新手，你应该仔细看前面的入门指导部分，花些时间来选择合适的设备、工具和材料，掌握好基本技术，这样才能有牢固的基础，为今后的创作做准备，同时能让你树立起信心和不断进步。如果你已经是个橡皮章玩家，你也可以利用入门指导部分复习一遍知识要点，或许还能发现一些新的小窍门，从而提高技术。除了实际操作技术以外，入门指导还告诉我们，好的橡皮章设计的基本原则是以图片举例说明这些原则如何在实际创作时发挥作用。学习过这些基本知识，你就能够开始学习第一章的技艺了，这样一步步下来，就能为自己的橡皮章手艺添砖加瓦。

每一章中都附有大量的设计图例，展示这一章教授的技巧，你可以从这些设计中获得灵感。那么，拿好你的纸，选一个印章和印台，让我们开始吧！

为什么选择橡皮章？

橡皮章风靡全球绝非偶然，它经久不衰的魅力在于它给人很多创造的空间，并且有许多用途。一个橡皮章就像一件工具，一旦掌握了使用它的要点，你就可以用它做很多有趣的事情。橡皮章还可以与其他手工艺结合在一起，例如书中"创意练习室"部分提到的"拼贴"，使作品的层次更丰富，从而有无限的创作空间。

装 备

这一部分主要是关于印章艺术中所需的最关键、最专业的装备——印章和印台。你可能会觉得印章和印台的选择范围太广、种类太多了，导致你有点儿晕头转向、不知所措，但是读完这几页简单而实用的内容，你就能够根据你想要达到的效果做出正确的选择了。

印章

印章种类多样，但其实可以分成简单的几大类，而且这几类印章的构造和使用方法也非常相似。不过，印章的选择范围真的相当之广，任何主题的手工都能找到适合的印章。

基本构造

最常见的印章是木质印章，由以下三部分组成。

印模

印模就是印章上的图画，通常用橡皮做成。不要忘记每次都检查一下印模，确保其有足够的厚度，因为这样才能使印出来的图画是清晰的。

印章垫

印章垫用泡沫做成，是印章底座和印模之间的一层填充物。在你往下压和拿起印模的时候，印章垫能起到分散压力，使受力均衡的效果。

印章底座

印章底座指连接印模和印章垫的那个木质把手。在底座上你可以看到这个印章的图案，称为贴花或图样。

印章的基本类型

大部分印章都属于以下两种类型之一。

实体章

实体章的图案由一整块橡皮刻成。阴刻章就是一种典型的实体章。大多数实体章的图案不那么细致，但若使用软刷头马克笔给印模上色，就能得到有趣的图案了。

线条章

线条章可以印出轮廓图，用于之后上色。某些线条章印出的轮廓是由点组成的，有时线条可能只构成一部分图案。

各种印章

1 木质章

我们在上一页已经见到过木质章，这些印章在木质底座上装有橡胶印模。印章图案要么被印成一张贴纸贴在底座上，要么就是直接印在底座上。有些印章已经上好色了，这是为了指导我们如何去使用它，但还是始终要记得在印之前检查一遍，确保印下的是自己想要的图案。木质章有时也以主题套装的形式成套出售。

2 泡沫章

泡沫章通常也是成套的，由于材料便宜，所以价格更低。使用时小心不要压到印章的四角，因为印模的边缘并不整齐。

3 水晶印章

水晶印章通常是亚克力材质，可以把印模直接粘贴到印章上面。挑选一个图案，把它粘贴到这块亚克力上就行。也有其他类型的水晶印章，但这里所说的这种是用法最简单的一种。

4 草皮章

有些印模是单独出售的。印模有些是可以直接装在底座上的泡沫印模，有些需要先粘在泡沫上，再装到底座上。这种单独的印模价格更便宜，因为它们不附带底座，你需要把它们固定在自己的底座上。

印章的图案

在任何场合，只要你能想到，就能用上合适的印章图案。从生日到圣诞节，从新生儿洗礼仪式到婚礼，还有很多很多其他场景。印章套装中也有许多广受欢迎的主题图案，包括用字母的排列组合来表示问候、传达信息，这样你在短时间内就能得到一幅和谐精美的图画了。还有的印章图案非常独特，比如有的是著名卡通人物的画像，还有那种一大面都是花纹，用来做背景装饰的。印章的外形设计同样也各有千秋，有现代造型的，有古典造型的，也有符合某一时代特色的。

先从一两个简单的图案上手吧，比如花朵或爱心，这些图案到哪儿都用得上。等你要送卡片给特定的某人时，可能会有更多灵感，选择更多图案。

存放你的印章

◎把你的印章存放在阳光无法直射到的地方。

◎最开始的时候，你可能只需要一个盒子来存放印章。披萨盒、鞋盒、复印纸包装盒都可以为你所用，因为这些盒子都有盖子。如果盒子太深，你可以修剪一下盒子的四壁，使它变成大概两枚印章的深度。拿一张白纸垫在盒子的下面。把印章们在盒子中排列好，在盒子底部画出每个印章底座的轮廓作为分界线，然后在每个印章的位置上印上这枚印章的图案。为了保护你的印章存放盒，最好能在盒子上盖块塑料。

◎随着印章数量越来越多，可以考虑用更加系统、有条理的方式，拿一个专门的收纳用品来存放你的印章。有的印章玩家喜欢把印章都放在靠墙的窄架子上，方便挑选。

◎为了避免收藏重复图案的印章，你可以记一本"印章手记"。在这本手记上，你可以把每次新买的印章印在上面。

印台

印台的大小和形状多种多样。大多数印台都有一块凸起的海绵或毛毡垫，适合于任何大小的印章。有单色印台，也有多色印台。

一开始玩橡皮章时，由于选择的范围太广、种类各异，你很难做出决定选择哪一款印台。其实你的选择很大程度上取决于你要把图案印在什么材料上。第11页给出了一个表格，能告诉你市面上这些知名品牌的印台各适合印在什么材料上。

不过，所有这些用于橡皮章的印台所使用的墨水不外乎下面六种。

染料墨水

染料墨水是一种水性墨水，通常是非永久性的，需要浸透在毛毡垫里。这种墨水可以有许多种颜色，包括多彩或"彩虹"印台。染料墨水呈现半透明状，速干，可以用在大部分纸张上。在白色光面纸上用这种墨水，图案的色泽会更加明亮和生动。

颜料墨水

颜料墨水厚重、浓稠、不透明，通常浸透在泡沫垫里。颜料印台有各种大小和颜色。甚至还有金属色、珠光及粉笔质地的印台。一般来说，大多数颜料墨水都干得很慢，但有些产品经过改进后，也能干得很快，所以购买时认准商标、向店员咨询非常重要。墨水干的时间也取决于你手中卡片的重量和材质。

布用/手工墨水

虽然有些布用墨水的最主要用途是用于织物，但Fabrico™和Crafter's™等品牌就生产多功能印台，可同时用于木材、皮革、热缩片和无釉陶器。印在织物上时，需要进行热成型，并且对织物进行预洗以去除上浆剂。

浮水墨水

这种墨水在光面纸上可以耐水性染料印台的腐蚀。可以用VersaMark™印台来制造一种水印或同系配色的效果。水印印台还可以充当粉笔和颜料粉的"胶水"呢。

浮雕（印花）墨水

这种墨水一般都只是稍微上色，颜色饱和度不高，大多数都使用泡沫垫。浮雕印台本身干得很慢，这是为了能与颜色饱和、带有金属光泽的浮雕粉搭配使用。如果你喜欢浮雕这门工艺，这种印台是很有用的。你也可以使用浮雕笔来为印章的图案上色和制造浮雕效果。有些双头浮雕笔两端有不同的笔头，比如刷头、子弹头或者一大一小两个凿子。

永久/溶剂墨水

永久墨水既可以是水性，也可以是溶剂性的，并且可以用在多种卡片及其他材料上，例如木材、醋酸纸、热缩片、玻璃、金属箔、皮革以及亚克力。大多数永久墨水很适合无孔和半多孔的表面。你可能会需要一个特别的印章清洗剂来去除印章上的溶剂墨水，并且始终要在通风良好的环境中使用这种印台。

1　多色颜料印台

2　Vivid™ 染料印台

3　Fabrico™多功能手工印台

4　海绵——可以为印章上墨水和颜料

5　印台补充液——适用于大多数印台

6　Brilliance™颜料印台

7　Dauber Duos™——个头最小的颜料印台

8　Kaleidacolor™染料印台

9　Cat's Eye®（以其形状命名）颜料印台

10　方形颜料印台

11　Clear Emboss™印台

12　Ancient Page™染料印台

13　Ancient Page™小型染料印台

14　Opalite™颜料印台

15　Crafter's™颜料印台

16　Vivid™高级彩虹染料印台

印台使用者指南

　　这张表格中列出的所有印台在本书的技巧部分和灵感创作部分都有所使用。这些印台都能使用印台补充液，所以如果印台干了，你可以随时补充。印台有许多种，本书介绍的这些旨在为你打下基础，你可以在这个基础上继续发掘。

印台（商标）	墨水种类	干燥速度	是否为永久性	适合的材质
Ancient Page™	染料	快	在可以被吸收的表面上是	亚光卡、光面卡、硫酸纸、造型石
Brilliance™	颜料	较快	否，但非常稳定，能与任何湿颜料介质搭配使用	亚光卡、光面卡、硫酸纸、热缩片、醋酸纸、黏土、皮革、木头
ColorBox Fluid Chalk™	颜料	快	热定型后是	亚光卡、光面卡、造型石
ColorBox Pigment Ink™	颜料	慢	否，但经浮雕处理会使其适合与任何湿颜料介质搭配使用	亚光卡（光面卡、硫酸纸、木头和醋酸纸只能进行浮雕处理）
Crafter's™	颜料	慢	热定型后是	亚光卡、布料、热缩片、木头、造型石
Dauber Duos™	颜料	慢	否，但经浮雕处理会使其适合与任何湿颜料介质搭配使用	亚光卡（光面卡、硫酸纸、木头和醋酸纸只能进行浮雕处理）
Emboss™（无色或轻微着色）	颜料	慢	否，因为它主要用于制造浮雕效果	亚光卡
Encore™	颜料	较慢	否，但经浮雕处理会使其适合与湿颜料介质搭配使用	亚光卡（硫酸纸只能进行浮雕处理）
Kaleidacolor™	染料	快	否	亚光卡、光面卡
Perfect Medium™	颜料	较慢	否，因为它主要用于Perfect Pearls™珍珠粉的上色	亚光卡
StazOn™	溶剂	快	是，无须热定型；在通风良好的环境中使用	硫酸纸、热缩片、醋酸纸、玻璃、亚克力、金属箔
VersaColor™	颜料	慢	否，但经浮雕处理会使其适合与湿颜料介质搭配使用	亚光卡（光面卡、硫酸纸、木头和醋酸纸只能进行浮雕处理）
VersaMark™	浮水	较慢	否	亚光卡、光面卡
Vivid™	染料	快	否	亚光卡、光面卡

保养你的装备

如果对你的印台和印章保养得当，它们可以维持很长的寿命。使它们保持最佳状态，你的手里就可以始终有你最爱的印章和颜色了。

为印台补充墨水

永远都别随意丢弃干掉的印台。大部分印台都可以使用印台补充液——小小一瓶墨水就能让你的印台起死回生。补充印台时应始终尽量做到均匀添加补充液。

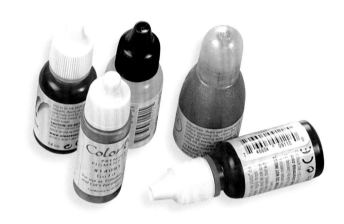

手工小窍门

只有带毛毡垫而不是海绵垫的染料印台才需要倒着放，这样墨水才能跑到印台表面去，印台就不会干掉了。如果你要把多色印台倒着放，一定要把它们放平稳。

1 轻轻地挤压补充液瓶身，将补充液均匀地倒在整个印台的表面。

2 用一张厚纸板或旧塑料片把表面没有流开的补充液刮到另一边，直到补充液完全被吸收。

清洗你的印章

　　如果你小心呵护你的印章，它们就能陪你一辈子。所以，你应该在使用后立即清理印章。大多数墨水都可以用水洗掉，但是有的墨水，例如溶剂性墨水，就需要使用特殊的印章清洗剂了。清理印章上的残留墨水时，尽量不要沾湿印章的木质底座，因为这可能会影响底座和印模、印章垫之间黏合剂的黏性。以下是一些关于清洗印章的小提示。

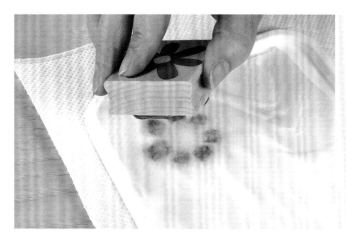

水
　　拿一个浅口托盘或旧塑料盖子，在上面垫上几层厨房纸巾，并把纸巾浸湿。拿印章在湿纸巾上轻拍。

婴儿纸巾或湿巾
　　婴儿纸巾或湿巾很适合用来清洁印章，但必须是不含酒精和棉绒的。酒精会使橡胶做的印模干燥，而棉绒会在清理后留下棉絮。

刷印章
　　如果有墨水残留在印章的沟壑里，难以清理，就用一把软毛牙刷把它刷出来吧。你也可以用Magic Carpet™，它就像一块薄薄的长方形绒面地毯一样。用它清洗印章时，它表面绒的尖端可以去除残留的墨水。

工 具

　　最开始做手工的时候，哪些工具是必需的，哪些是稍后才会用到的？做出类似决定是非常困难的。所以，新手先看看"常用工具箱"里都有什么吧——你可能会发现这里面有些工具在家里就能找到。工具箱里所有的工具在本书中都会用到，所以你得保证手头有这些东西。

常用工具箱

　　剪刀、裁纸刀、美工刀、无割痕切割垫、尺子、折页用骨篦、铅笔、卷笔刀、橡皮擦、画笔、热风枪

剪刀

　　质量好又锋利的剪刀对于裁剪印下的图案来说是必不可少的。应该准备一把专门用来裁纸的剪刀，这样剪刀维持锋利的时间才更长久。直面或曲面的小指甲剪用来对付精细的图案十分有用。

裁纸刀

　　裁纸刀有好几种样式可供选择，但最好选择刀片可替换，并且能裁剪A4纸大小或美国信纸尺寸的卡片的裁纸刀。如果你要做大量卡片，买一个专业切纸机或许并不算浪费。

美工刀和无割痕切割垫

　　美工刀可以用来裁剪卡片和精细图案。由于刀片会随着使用变钝，最好买那种可以替换刀片的美工刀（不用时记得小心罩住刀片）。美工刀任何时候都要和无割痕切割垫一起使用。无割痕切割垫有各种尺寸，而A4纸大小（或美国信纸尺寸）的垫子是最实用的。大多数垫子上还有网格和量度，帮助你更精确地裁剪和切割。记住要保持切割垫的干净，不要拿热风枪对着它，因为热风枪的高温会使得垫子卷曲。

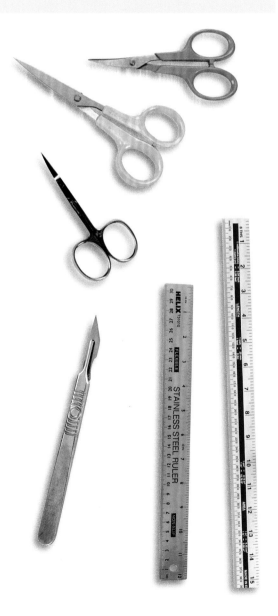

尺子

一把透明塑料尺是测量和标记的理想工具。使用美工刀裁剪卡片时，应该会用到金属尺，如果不用金属材质的尺子，美工刀会割到塑料尺，损伤尺子的边缘。长尺子适合用于大尺寸的卡片。

折页用骨篦

批量生产的卡片都是预先折好的，但如果你想自己折卡片，折页用骨篦就是一个不可多得的工具，它能帮你折出干净利落的折痕。

铅笔、卷笔刀和橡皮擦

测量卡片和纸张的尺寸时，可用普通铅笔做标记。硬芯（2H）铅笔可以留下清浅、容易擦除的标记。在测量和做标记时，尖尖的铅笔笔尖最能保证精确，所以得用一个质量好的卷笔刀（有盖子的能让你的手工台面保持整洁）。你还需要确保你的橡皮擦在使用前是干净的，不要出现擦不干净甚至擦花铅笔印的现象。

画笔

如果你喜欢在图案中用画笔，那么拥有一套画笔是必不可少的。虽然质量很重要，但其实尼龙画笔性价比更高。永远不要让你的画笔长时间浸在水中，以免损伤笔头。

热喷枪

热喷枪主要是用来融化浮雕粉的，但其实它可以有更广泛的用途。热喷枪可以用来吹干正在进行中的作品，使某些墨水热成型，也可以用来加热热缩片，但使用时必须小心，不要让作品的表面受到高温的损害。记得把它放在幼儿接触不到的地方。

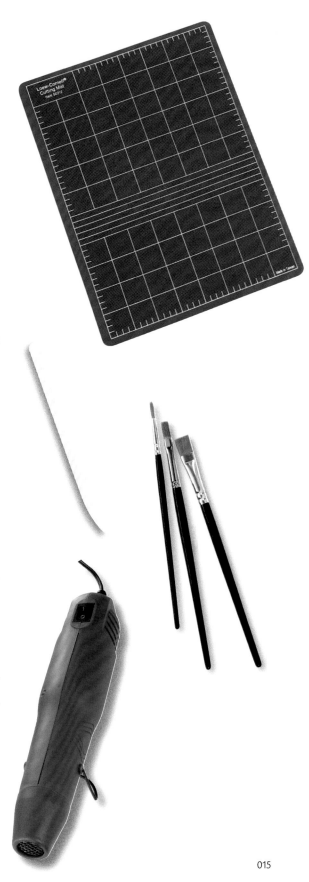

创意工具

开启了橡皮章之旅后，随着你对自己越来越有信心，你的工具箱可能需要增加一些东西。以下是一些有用的进阶型工具。这些工具在创意练习室的各个主题练习中都会用到。

花边剪刀

用这种剪刀可以剪出漂亮的花边。例如，有两种花边剪刀分别可以剪出贝壳边和做出毛边效果。维多利亚主题和邮票图案也经常使用到这种剪刀。

打孔器

打孔器可以打出许多形状和不同大小的孔，因而可以装饰你的作品，例如心形、花朵、星星，或者可以做出装饰性的角和边。你需要时不时地拿打孔器在厨房锡纸上打几个孔，以保持锋利。如果你在打孔时觉得很难使上劲，打孔辅助器可以帮到你。

单孔打孔器

单孔打孔器可以打出多种型号的孔，但最实用的是1/8英寸（约为0.32cm）和1/16英寸（约为0.16cm）的孔。可以用它打的孔上角钉（用于固定纸张）、按扣、打孔眼和上线、丝带等。如果你要在离卡边很远的地方打孔，一般打孔器够不着，这时任意定位打孔器就可以派上用场了。

镊子

镊子可以用来夹取精细的物件，例如装饰宝石、串珠或贴纸，也可以用来在打好的孔里系丝带、穿线和金属丝。

孔眼垫、调节器和锤子

孔眼可用来把印好的单个图案固定在卡片上，也可以用来给不平整的孔封边，不仅如此，孔眼还是一种用途广泛的装饰物。要安装孔眼，拿打孔器打下合适的孔后，你需要用到孔眼调节器和锤子。为了保护你的卡面，你可以垫一块专用的孔眼垫或拿一本旧电话簿。按扣的使用和调节跟孔眼一样。

钢丝钳和圆嘴钳

如果你想在作品中用到金属丝，你会需要几把适用的钢丝钳来切割材料和粗金属丝。金属丝的粗细用规格来定义，规格数值越高，金属丝越细。钢丝钳还可以用来切割金属箔和金属丝网。圆嘴钳对于弯曲和夹住金属丝来说是很有用的工具。

海绵和印台涂抹工具

这两样东西可以用来把墨水上到背景和印章图案上。不同种类的海绵上色的效果不同，比如天然海绵可以制造出一种疏松多孔的质感，圆形海绵则能更均匀地上色，不会出现明显的线条。Sponge Daubers™印台涂抹工具适合套在食指上使用，可以让你的手保持干净。

点画笔

点画笔能够画出彩色圆点，来填充印章图案或做背景图案。点画笔有很多不同种类，但都可以达到细密的质地和效果。还可以用点画笔来混合色彩或营造渐变色调。

点胶机

根据类型的不同，点胶机可以点出条状、点状或者长方形的胶。这种工具使得涂胶水这件事变得干净又方便。

颜料盘

旧的塑料盖和CD盒可以充当临时颜料盘，但如果你不想让颜料混在一起，那么买一个带有分格的真正的颜料盘才是解决之道。还可以通过调粉状颜料，例如Perfect Pearls™或Pearl-Ex™上色珍珠粉，创造一个你自己的颜料盘。

调墨手滚

这种筒状上色工具非常适合于做背景或给大块的印章上色。滚筒可拆卸的手滚更加实用。

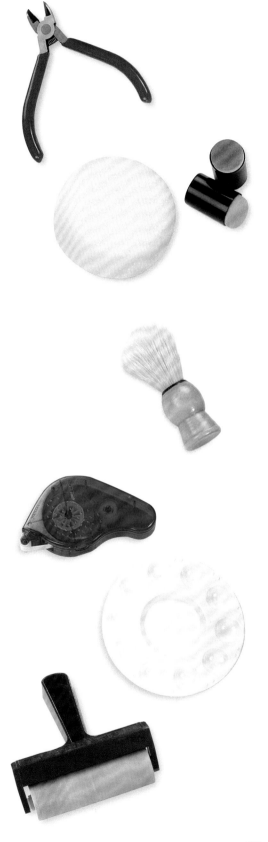

不干胶贴纸机

这种机器可以在丝带、打孔机裁下的图案、干花、硫酸纸的背面均匀地涂上一层不干胶，只要把它们放进机器压一遍就可以。贴纸机有不同规格，适用于不同大小的物品。这种贴纸机的胶纸盒也是可替换的。

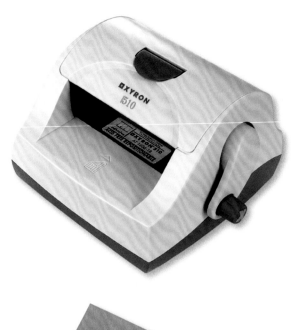

干浮雕工具和泡沫垫

干浮雕工具可以用来在卡片上折出折痕，可以用来在硫酸纸上制造结霜或干浮雕效果，也可以在金属箔上做压痕或浮雕。笔头大的适合硫酸纸，其中一头是尖笔头的双头工具适合别的情况——尖笔头那端非常适合用来做折痕。在硫酸纸上使用这种工具时，应该在下面垫一张有弹性的垫子，例如橡塑泡沫板或鼠标垫。

印章定位器

这是一种特别的印章工具，它能帮助你印出精确的图案、花边和边框。如果你需要在一个非常具体的位置印下图案，印章定位器可以帮助你轻松地完成这个任务。

手工小窍门

如果你用来做橡皮章的工具越积越多，最好找一个合适的容器来存放它们，容器内隔开多个空间，方便归类和取用——DIY商店有很多这样的收纳产品。如果你没有固定的做手工的区域，或者不是在家做手工，便携收纳盒就特别有用。

材 料

当你已经有了一些印章、印台和基本工具，你会需要一系列材料来帮助你把印好的作品整合成卡片，并且增加一些效果。根据创作目的来选择合适的材料，能够让你的作品更具专业性。

黏合剂

单一的黏合剂无法满足你的所有需求，叠加卡片和纸张、在卡片上粘贴装饰物，都需要用到不同类型的胶水。以下是一个各种常见类型的黏合剂指南，这些黏合剂在"创意练习室"中许多主题里都用到了。此外，一卷普通胶带也是必须的。不干胶贴纸机和点胶机也非常有用。

喷胶

喷胶可以用来粘贴大张卡片或纸张。永久性喷胶的黏合力非常好，但可撕喷胶也十分有用。使用喷胶时，记得要到一个通风良好的地方，且在大面积的卡面上使用。

PVA胶

这种胶黏合力强，干掉后不会留下多余物质。一些质量好的PVA胶——尤其是Hi-Tack Glue™产品，由于非常方便操作，所以它是在卡片上粘贴装饰品的不二选择，例如粘贴蝴蝶结和纽扣。你还需要准备一些牙签和棉签，用来给小物件涂胶水。

泡沫胶

这种块状的泡沫胶尤其适合用来做3D装饰效果，但也被大量用于一般的粘贴中，使得被粘贴物体在作品表面凸起。这种胶有各种厚度。

透明胶点

这种方便好用的胶点是一个个排列在纸条上的，使用时只要将胶点有黏性的一面粘在你想要粘的位置即可。它有很多规格，最小的尺寸几乎看不见，所以要注意为你的作品选择合适尺寸的胶点。这种胶的厚度也有很多种，较厚的可以让被粘贴的物体在卡片上呈现凸起的效果。

固体胶

固体胶可用来粘贴小物件，例如用打孔器裁下来的图形，还适合用在较薄的卡片上。但是固体胶不适合用在大物件上，因为固体胶的膏体容易断裂，而且若是卡片弯曲了，上面的固体胶可能会失去黏性。

箔黏着剂

这种胶可用来把金属箔粘贴到印章图案上。它有很多种不同的外形，有些是笔状的，因此当我们在图案的某些狭小区域上胶或描字时，这种设计非常方便。在把金属箔粘上去之前，必须等薄薄的一层胶干掉，这样它才能有黏性。

双面胶带

这种胶带和普通胶带看起来没什么两样，但其实它的两面都很有黏性。将一节双面胶的一面粘好后，把表面那一层纸撕掉，就露出了有黏性的另一面。这种胶带永远是印章玩家的最爱，因为它既方便又干净。

装饰性材料

装饰性的材料种类繁多，你可以拿它们来为你的作品营造色彩、材质和空间上的艺术感。

上色工具

铅笔、粉笔、颜料、刷头马克笔和毛毡尖笔是印章手工中最常见的上色工具。你可以在这些笔中好好试验一番，找到你用得最舒服自在的笔。但是这些不同类型的笔上色的效果可是不一样的。

浮雕粉

加热浮雕粉使其融化，可以在印章图案上制造出凸起的线条或表面。

Dimensional Magic™立体水晶胶

正如它的名字（空间魔法）所示，此产品可以给图案增加立体感和光泽。这种水晶胶干后呈透明状，可以在滴胶的区域形成一个圆溜溜的透明外壳。

闪粉

闪粉通常是松散的，有些也与胶混合在一起，装在小盒子里。闪粉的颜色繁多，有些是透明的，而有些不透明。闪粉的粉质越细，其品质和覆盖力就越好。

Liquid Pearl™和Liquid Applique™立体珍珠胶

这两种产品都是先用在织物上，再与印章相结合的，有许多种颜色，上色时直接从瓶子里挤压。Liquid Pearl™的产品最适合用来做带有珍珠光泽的小点，或者在印章图案上加上一小块高光。Liquid Applique™产品常与热喷枪结合使用，加热后它便会因温度升高而膨胀。所以这种产品非常适合用来做雪人或小动物的图案，也可以用于塑造立体感和质感。

珠光颜料粉

像Perfect Pearls™和Pearl-Ex™这种粉状颜料，可以涂抹在湿润的图案表面或与水混合做成液体状颜料，在调色盘中调好后使用。

可撕贴纸

这种贴纸的图案大多是轮廓图，颜色有金色、黑色、银色等。它们可以为你的作品增添许多装饰方面的小细节，例如可以"冒充"角钉和孔眼，还可以是边框、字母和文字，也有具体的图案，例如蝴蝶。另外，这种贴纸还有立体效果的款式呢。

手工小窍门

如果你需要将撕下的一小片纸准确无误地放在你作品中的某个位置，你会发现美工刀可以帮助你。

卡 面

只要墨水选择得当，任何光滑的表面都可以印图案。如果卡面平整，使用印章的确容易得多，但如果加以练习，你也有可能在弯曲的表面印下图案，例如陶制花盆或蜡烛上。如果你是橡皮章新手，先从卡片和纸这种最常用的卡面开始就好。

卡片和纸

卡片和纸的颜色、纹理、质地、重量和尺寸实在是太丰富了，找到两张重样的都难！你所使用的卡片和纸的类型在一定程度上决定了你会选择什么样的墨水。大多数卡片和纸是机器制造的，质量参差不齐，所以买的时候一定要擦亮眼睛。有些白色卡纸看起来就跟灰色一样，这样你上在卡片上的颜色也会变暗。有些彩色卡纸褪色非常快。从专业角度来说，我们最看重的应该是质量，而不是数量。手工纸现在非常流行，可以用来给已完成的卡片增加一些亮点。纹路很明显的纸不适合用来印图案，但可以用来逐层叠加。

卡片

以下是印章玩家们最常用也最实用的各种卡片，除这些以外还有其他许多种类。

亚光

亚光卡颜色多，厚度不一，印章玩家们最常用的是白色和奶油色的，他们拿来印图案或者做成折叠卡片。亚光卡的表面平滑，吸收力佳，和多种上色工具都能互相配合。

亚麻

亚麻卡主要有白色和奶油色两种颜色，它的表面模仿了亚麻布的纹理。亚麻卡的质地非常细腻，如果表面没有上涂料的话，这种卡很适合拿来印图案。

特种纸

这种纸的表面很像一张被捶打多次的金属薄片，有很多细小的凹凸不平之处。通常有白色和奶油色两种，主要被用来做折叠卡片。

做出正确选择

在选择做印章手工的卡片和纸时，你需要考虑以下几点。

◎**墨水** 你在这张卡片或纸上会使用哪种墨水？

◎**吸收度** 在这张卡片或纸上墨水要多长时间才能干？会完全干燥还是要做成浮雕效果？墨水是否存在干得太快来不及做浮雕的情况？

◎**密度** 纸张容易撕吗？它是柔韧还是容易留折痕？

◎**表面** 这张纸是否光滑、是否覆盖着涂料、是否有金属光泽，珠光还是亚光？

◎**纹理** 这张卡是否光滑平整？在它上面印图案是否困难？

◎**重量** 这种纸的厚度是否足以做成折叠卡？还是更适合叠加？

◎**无酸和存放** 这种纸是否能够用在你想长期保存的作品中？

珠光和金属色

这种卡纸既适合印图案，也可以做折叠卡片。在这种卡纸上要使用Brilliance™特制墨水，因为它的表面有时无法充分吸收墨水。用这种纸做手工时，记得要在一个小角落里用墨水测试一下，看你的墨水是否适合用在这种纸上。

水彩

如果你使用的颜料和墨水需要与水混合才能在纸面扩散开来，那么水彩纸是你最好的选择。水彩纸轻易就能吸收大量水，但你得知道它也能在你印图案的时候吸收墨水。水彩纸的厚度有很多种，质地从光滑到粗糙都有。如果要使用印章印图案，最好选用最薄最光滑的那种。

异形和穿孔卡片

除了长方形和正方形卡片外，还有事先裁剪成特殊形状的卡片，有手提包形、T恤形、鞋形，还有扇子形状的。可以为你的作品增添趣味性。还有一些是中间穿孔的卡片——孔有正方形、长方形或者圆形、椭圆形——这个孔刚好可以框住你的印章图案。

瓦楞卡和打孔卡

瓦楞卡比打包用的那种纸箱更薄，也更细致。虽然瓦楞纸不适合用来印印章，但它很适合用来叠加以及用来做折叠卡片。有些卡上穿了小洞，也非常适合用来叠加，那些洞适合拿来穿丝带和纱线，也可以用线把纽扣缝在上面。

纸

同样，以下是众多类型的纸中一些基本的纸品类型，这些纸为印章玩家们提供了许多用途，能创造出许多效果。

背景纸

背景纸的选择是海量的。有纯色的，有带花纹的，大多数是成套的，意味着你可以自由搭配颜色，展开天马行空的构思。背景纸主要用于做背景或者用于叠加。如果你要在一张空白的卡片上加上粘贴画元素，背景纸是理想的材料。大多数背景纸都适合拿来印印章。

硫酸纸

硫酸纸看起来和描图纸很像，也具有描图纸的一些特点。它的颜色和厚度都有很多种。有些带有花纹、金属光泽的斑点或者表面闪亮，还有些上面有浮雕图案。硫酸纸非常适合用于叠加，如果使用了合适的墨水，也很方便用来印印章。你可以在硫酸纸表面做干浮雕处理，能达到霜面的效果。

丝绒纸

这种表面经过处理的纸不管是看上去还是摸起来都像是丝绒布。在这种纸上印图案或做浮雕处理，能达到惊人的效果。你可以用彩色铅笔突出印章图案，甚至可以在丝绒纸的表面压出花纹来。它也很适合拿来叠加和打孔。

闪粉纸

这种纸表面上裹着一层细细的闪粉，所以它不适合拿来印图案，倒适合拿来叠加。

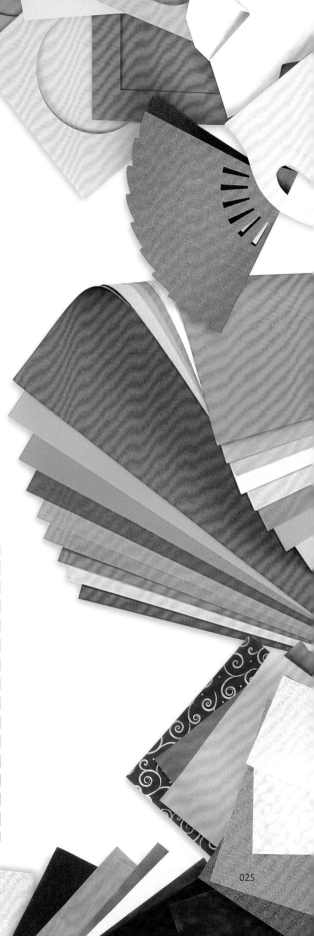

金箔纸

这种闪闪发亮的纸的纹理上覆着一层金属箔来模仿金属光泽。这种纸更适合用来叠加而不是印图案。

珠光和金属光泽

纸和卡片里都有珠光和金属光的。这种纸比一般的纸薄得多，所以最好用来印图案和叠加，而不是做成折叠卡片。可以买条状的珠光和金属光纸，便于打孔和制作小型卡片。

双色纸

这种纸两面的颜色不同，有时是同一种颜色的两种色调，这样比较容易搭配。如果你在作品中既打算裁剪，又要折叠，例如要用到蕾丝花边，双色纸能给你更多颜色选择。

礼品包装纸

有些礼品包装纸可能适合用来印花纹，有些是很棒的背景纸。

存放卡片和纸

◎把你的卡和纸存放在平坦的地方，远离阳光直射，保持环境干燥。

◎卡片和纸的放置应该方便拿取，要能清楚地看到所有纸张。查找纸张的时候注意避免损坏边角。裁下来的边料可以保留下来用于打孔。

◎如果你一次性做好几张卡片，要找一个安全的地方保存它们。有些卡片厂家也生产透明塑料夹来装空白卡片，这种塑料夹非常适合收纳卡片。如果你想售卖你的作品，也可以用这种塑料夹作为包装。

其他创意卡面

随着你在卡片和纸张上印章的技艺越来越纯熟，你的信心越来越强，就可以开始探索更多材料，开发更多创意作品。你在本书中可以看到各种主题的教程，它们简单又有趣。其他可以用于印章卡面的材料有软木、安装板、加厚卡片、软陶、印模膏、木材、织物、皮革、玻璃和陶瓷。

热缩塑料

热缩塑料有半透明、不透明白色、透明、奶油色、黑色等多种颜色，可以用来印图案、上色、裁剪，还可以用来做饰品、徽章、冰箱贴、纽扣和微缩模型。有时这种塑料有一面是磨砂的，如果没有磨砂面，你在印图案之前需要自己进行磨砂处理：用一张超细纸包住打磨石，以转圈的方式进行打磨，打造磨砂质地的表面。有好几个品牌都生产热缩塑料，要仔细看每个产品的说明书。

造型石

造型石是可以上色、人工打磨的石头，有镀膜和天然表面两种表面。镀膜造型石颜色像象牙，表面平滑，非常适合精准地印图案以及色彩混合。天然表面的造型石呈白色，表面有刻痕，非常适合印简单的印章图案和简单地上色。两种造型石都可用于装饰卡片或制作装饰物。它们有方形和心形等各种各样的形状。

醋酸纸

醋酸纸是一种薄而透明的塑料纸。并非所有醋酸纸都具有耐热性，所以在使用热喷枪进行浮雕处理或烘干墨水时，记得检查或试验一下。并非所有永久性墨水都需要热定型操作——如果你实在有疑虑，可以使用StazOn™印台。醋酸纸可以用于印章图案的层层叠加。

金属

锡合金或金属箔薄片适合用来印图案。在锡合金表面印图案之前，可先用海绵涂上墨水。你也可以通过把铜放在明火上加热的方式改变它原有的颜色。金属箔有很多颜色，把金属箔卷起来，展开后它的表面就变成另外一种质地了。

软木

某些厂商生产超薄而光滑的软木板，这是印章的理想材料。大多数墨水和其他上色工具都可以用在软木的表面。用刀或剪刀切割软木板也毫不费力，也可以直接撕裂软木板，打造粗糙锐利的边缘。

安装板和Mini Matts™异形纸垫

安装板和Mini Matts™异形纸垫都是用来做多层卡片的，所以这两种材料都非常结实，比起其他普通卡片来说，比较不容易因为承受了颜料和浮雕粉而弯曲。Mini Matts™异形纸垫有许多不同的形状，如心形、三角形和方形等。安装板一般被用来制作照片的边框，所以在边框专卖店中很容易买到安装板的边角料。

皮革

若要印图案，应选择表面平滑的皮革，而不是带有浮雕纹路或纹路很明显的皮革类型。印制时，使用织物专用或手工专用墨水。一开始，应该选择一些简单的物品练习，例如皮带。你也可以使用麂皮，但需要加热或熨烫，否则麂皮就会发皱。

织物

平滑的纺织品，如薄棉布、丝绸、棉布被单和棉质T恤，能够带给你最棒的印章效果。每次在印图案之前，都要清洗织物，除掉织物的上浆剂，避免织物在图案印上去之后再出现任何皱褶。除衣物以外，帆布鞋、帆布包等其他有趣的单品也可以成为你印章的画布。

软陶或印模膏

Fimo™和Sculpey™是两个软陶品牌，印章可以在上面使用。这两种产品使用起来十分方便，可以放在普通烤炉里烘烤。软陶应该要平整地摊开，这样上面的图案才能均匀地印上。可以在软陶表面制作凸起的印章图案，然后制成饰品，比如耳环和胸针。如果你喜欢玩软陶，你也许还要把压面机和异形切割模具收到你的工具箱里，这两样工具都很有用。

木材

木材分原木表面（未经处理的裸露表面）或加工表面（上过清漆或涂层）。在原木表面的木材上印图案时，要特别小心——如果表面已经经过打磨处理变得比较光滑，并且有些部分上过涂层以防止墨水流淌，这种表面对印图案来说更容易。手工商店里有许多原木表面的木制品，比如盒子、托盘和简单形状的木板。

陶瓷

上釉陶瓷表面与玻璃表面需要几乎同样的处理。有些陶瓷制品也未经上釉，这样的陶瓷更适合印图案和上色，包括瓷砖、异形陶瓷和陶瓷杯垫。未上釉陶瓷不像玻璃可以制作浮雕效果，未上釉陶瓷只能用于装饰，并且一旦清洗，之前的印记就会消失。

玻璃

由于玻璃画非常热门，手工商店中有许多适合用来印章的玻璃制品。玻璃那光滑的表面让印章这件事变得有点儿困难，所以你可以从简单的图形开始，比如心形、圆形和椭圆形。拿有印章图案的玻璃作为单纯的装饰品是最好的，因为它不能手拿或清洗，否则就会毁掉上面的图案。不要在盛放饮料和食物的玻璃器皿表面印图案。永远都别在玻璃上做浮雕，因为热喷枪的高温可能会把玻璃热得粉碎。

手工小窍门

如果你在玻璃上印图案，要先用甲基化酒精擦拭玻璃表面，以去除可能影响墨水效果的所有指纹和其他残留物。完成这一过程之后，尽量小心地拿放玻璃，以免在其表面再次留下指纹。

印章练习室

在这个练习室里，你会得到关于印章操作的全过程指导，各个步骤都包含，因此你会充分了解印章的关键技能，也能更有信心地走向印章之旅。在磨练了上墨、印制，包括水晶印章的使用方法之后，我们将关注其他基础技能，例如用刷头马克笔给印章上色、精准地将图案印在想要印的位置、遮蔽和浮雕工艺等。

基本的压印

虽然你可以通过教程学习如何给印章上色并印出图案，但什么也比不上亲手去做的经验。勤加练习才能培养你对墨水用量和印压力度的掌控，这种感觉是做出好作品的关键。

为印章上色

印压图案的第一步，也就是在你选择了印章、印台、卡片或其他材质的卡面之后，是用印台为印章上色。这个步骤必须正确，否则无法印出饱和清晰的图案。实体章橡胶印模的表面有时候无法完全沾上墨水，导致印下的图案会有缺口。如果发生这样的情况，你可能需要反复试用和清洗这块印章，去除任何阻碍墨水盖印到卡面上的残留物。

1 将印章放置在平面上，橡胶印模那面朝上。将印泥在印模表面轻轻印压，慢慢为印章上色。不要用力压印台，不然留下的墨水太多，可能会蔓延到卡面上。

开始之前

◎永远都在平面上盖印。

◎在你的工作台上垫些废纸，这能让你的工作台保持清洁，正式盖印前也可以在废纸上试印几遍，检查印章和墨水是否有问题。

◎确保你使用的印章是清洁而干燥的。

◎检查印台的湿润程度，移除印台上所有杂毛或其他杂质。

2 拿起印章，对着光看印模，上面的墨水应该散发着湿润的光泽。这时注意看看是否有没上到色的地方，检查一下墨水是否分布均匀。

小印章

如果印章比印台小，可以直接拿着印章蘸取印台表面的墨水。

过度上色

上图是一个过度上色的印章。凹陷处、图案边缘的橡胶和木块都不应该沾到墨。不要用这种方式浪费墨水。

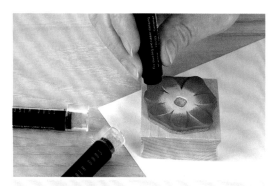

为特定区域上色

为特定区域上另一种不同的颜色时，可以使用小型印台。每次都要先从浅颜色上起。

使用滚筒

有了滚筒，均匀上色就更方便了，对于大型印章尤其如此。一只手牢牢拿住印泥，另一只手拿住滚筒在印台上来回滚动，滚筒离开印台表面时，依然保持滚动，能使整个滚筒都均匀地沾上墨水。再持滚筒在印模表面来回滚动，直到印模均匀地沾上墨水。如果还需继续上色，重复以上动作。

使用多色印台

每次都在垂直方向使用多色印台给印章上色，这样印台里的各个色块才不会串色。不要一次性把所用颜色都上在印章上，否则你印台里的颜色就会混合，印台就坏了，尤其是印台里的颜色都是强对比色或者颜色由浅到深排列时，情况更糟糕。还有一种办法就是使用滚筒。

在宽敞的区域上色

如果印章的图案上有一块大面积区域，使用印台边缘在这个区域上色，而不要将整个印台都盖下来，这样能防止墨水过多，积聚在这块区域中。但如果已经发生了，盖印之前用棉签擦拭掉多余的墨水。不过，这种情况下最好使用小一点儿的印台，比图中的大块印台更好操作。

印下图案

准备好大量废纸来练习你的盖印技术，直到能印出理想的效果为止。

1 手指抓住印章的木质底座两边，印模面朝卡片，用平稳、均匀的力量往下印压。不要晃动印章。印章越大，你需要使出的力气就越大。

2 轻缓地拿起印章，检查卡片上的图案。

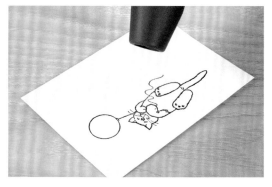

3 进一步处理之前，等待图案自然风干。如果要加快干燥速度，你需要一把热喷枪。如果手头没有热喷枪，把一张干净的废纸盖在图案上，一只手固定住废纸，另一只手轻轻地把废纸往图案上印压，以吸走多余的墨水。

使用水晶章

水晶章现在越来越受欢迎了——既方便使用，又节省空间，性价比还很高。水晶章用的印模一般是由一种透明聚合物做成的，将印模安装在一块透明的亚克力砖上，就成为了能从底座看到印章图案的水晶章！用水晶章盖印，精确度很高。此外，使用水晶章时，你能轻易将不同元素、图案或颜色组合起来，这样你就能创作自己独一无二的作品了。

制作水晶章

水晶章的印模通常是一套的，放置在两张塑料片的夹层中。其中有一片塑料片上印有这一套印模的所有花纹，用过印模后，你应该按照塑料片上的图案收纳它们。另一块塑料片覆盖在印模之上，起到保护作用。

1 从塑料片上掀起你需要的印模。印模自带黏性，要掀起来可能需要一定力气。

2 将印模安装在一块亚克力砖上，亚克力的面积要大于印模的尺寸。印模的任何部分都不能越过亚克力底座的边界，这是为了防止盖印不均匀。

印下图案

1 给印模上色，然后盖印在卡片上。透过那块透明的亚克力底座，你可以清楚地看见你盖印的位置以及自己用了多大的力气。

2 撕下印模，清理印模，放回塑料片上。选择下一个印模进行上色。盖印之前先拿印章在空中比划一会儿，找到下一个图案应该盖的位置，然后印下图案。再撕掉并清理印模。

3 给第三个印模上色。因为你能直接看见印模，所以可以轻松准确地上多个颜色。

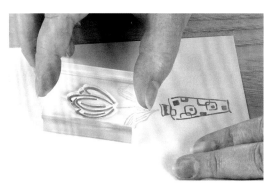

4 印下最后一个图案。由于可以换不同的印模，你可以毫不费力地完成一幅色彩丰富的作品。

5 除了一个一个地印下图案以外，你也可以在一块大一些的亚克力砖上先把不同的印模组合好，再印下这一整组图案。

手工小窍门

如果你只有一块大亚克力砖，但是使用的却是一个小的印模，你可以在这个印模的对角再粘贴一个不上色的印模，这样盖印的时候印章受力会比较均衡。

爱惜你的水晶章

◎时常清洗印模和底座。用肥皂水清洗印模，洗小印模时可以将它们放在一个小碗里，以免被冲进放水孔里。清洗同时还可以恢复印模的黏性。底座可以用家用清洁剂清洗，但要避免让粗糙的物体刮伤底座的表面。溶剂清洗剂可以洗掉任何着色物质，包括用其他方法很难去掉的粉笔记号。

◎将干净的印章存放在一个塑料夹里。水晶章的印模自带黏性，所以不要把塑料制品和没有封装的印模放在一起。

多样化的图案设计

正因为印模是可拆卸的,可以用不同的方式将这些印模组合起来。比如花边和文字就可以排列成弧形或波浪状,而不是一成不变的一列直线。

精准放置

如果你想要将印模准确地安在底座上,可以在底座上用投影笔画出大致的轮廓,笔迹稍后擦掉。如有必要,可以用含酒精的清洁剂来擦除笔迹。不同的印模组合用不同颜色的笔,如果要画曲线,准备一个软尺。

提前组合印模

有时你可以在卡面上将零散的印模提前摆好,再将印模以这个位置粘贴到亚克力上,就更容易印出满意的图案了。但要确保这些印模是盖印的一面朝下的,这样你就可以慢慢压低亚克力,把它小心地压在摆好的印模上面,印模的背面就粘到了亚克力上。这个技巧在你需要把单个的字母印模组成特定的文字时特别有用。

盖印时遇到问题?

不管你用的是哪种印章,如果你对自己的盖印技术不满意,分析一下你印出来的图案,看看你是不是犯了下面几种常见错误(其实错误不止这些)。

A 图案颜色浓淡不均,有些地方有缺失,那么你盖印的力量不够或者用力不均匀。

B 图案颜色过浓,线条也花了,表示你用的劲儿太大,上的墨水太多或者盖印时摇晃了印章。

C 在图案的大面积区域中出现了墨点,表示你没有在盖印前清理掉这些区域中多余的墨水。

刷头马克笔

想要不用印台就给印章上色，最简单的方法就是使用刷头马克笔或毡头笔了。你需要做的只是用笔头在橡胶印模上涂色而已。图案整体涂完色，盖印之前，你还可以在图案上加许多其他颜色。这种技法在实体章和室内设计中都很有用，掌握起来很快，效果也是立竿见影。

1 将印章摆放在工作台上，印模一面朝上。用马克笔给印模表面涂色时，一只手固定住印章，最浅的颜色最先涂。

2 涂下一个颜色，涂色时要确保在第一个颜色的基础上轻轻地涂抹，以免由于摩擦过猛而留下斑驳和擦痕。继续涂抹，直到颜色覆盖整个印模。

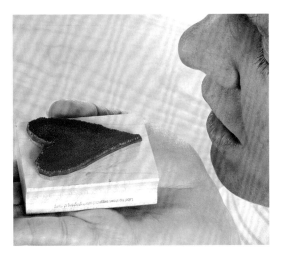

3 将印章靠近嘴巴，对着印模轻轻呼气（不是重重吹气）。有些马克笔干得快，你呼出的气中的水分可以让马克笔的墨水重新湿润。

4 上一步骤完成后，快速将印章盖印在卡片上。

部分上色

马克笔能帮助你只印出图案的一部分。

1 选择你想要上色的地方，用马克笔涂抹上去。

2 对着印模呼气，盖下印章。有了这一个印章，你就可以盖出许多单个的心形。

淡出效果

如果想要把树、气球、树叶或蝴蝶等单个图案组合在一起，淡出效果是一个实用的技法，印台和马克笔都可以做出这种效果。

1 为印模上色，最浅的颜色最先上。同一种颜色要涂抹两个色调，制造深浅层次感。

2 向印模呼气，盖下印章。

3 不要再给印章上色，而是再次对着印章呼气，再盖一次印章，第二个图案就会变浅。将深浅两个图案部分重叠，能使整个构图更具层次感。

精确盖印

在你需要把图案印在一个具体的位置，或者印出精确的花纹时，印章定位器就像一个定位向导，能协助你精确地盖印。印章定位器对初学者和进阶玩家来说都很实用。你可以配合一个合适的印章在废纸或废卡上练习使用印章定位器。

1 将一张薄而透的纸卡进印章定位器的内角。每次都要检查你用的纸是不是标准的长方形。

2 一手固定印章定位器，另一只手将图案印在纸的一角。试着在定位器的内角标志出印章底座的位置。

3 将印好图案的纸放在卡片上你想要印下的位置。

4 小心地将定位器的内角与图案纸的内角对准。

5 抽走图案纸，定位器和卡片原地不动。从第二个步骤开始重复，然后在卡片上印下图案。这样印下的图案位置应该是十分精确的。

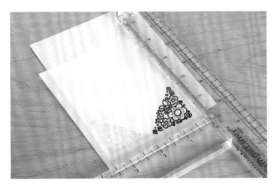

6 重复第四个对准的步骤，精确地在卡片上印下第二个图案。

7 等你设计的图案全部印完之后，你就可以裁剪卡片了。如果没有印章定位器，很难把这种花纹印得这么规整。

遮蔽

遮蔽的意思是在印章时进行遮挡或掩藏，是一种主要用来盖印互相重叠的图案的技巧，要使一个图案看起来在另一个图案的后面。你也可以用遮蔽技巧在画框内印图案，或者通过遮蔽技巧用海绵给背景上色。这是一种非常实用的方法，完成后的效果也十分有趣。

裁剪遮蔽用图案及图案整合

要将单个图案组成有前后层次的一组图案，你需要剪下一张遮蔽用图案，用来遮住第一个图案，然后再印几个同样的图案，和第一个图案部分重叠，因为第一个图案被遮住了，所以完成以后移开遮蔽纸片，它仍然在最前面一层。

选择遮蔽用的纸张

任何纸张都可以作为遮蔽用，但纸越薄越好。便利贴纸非常合适，因为纸张较薄，可以撕下，还可重复使用。便利贴也有很多不同尺寸，价格便宜。手工商店里也可以买到专门为印章遮蔽技艺制造的遮蔽膜。

1 先在便利贴纸上有背胶的区域印下图案。使用永久性墨水，这样再在上面盖印，墨水就不会渗得到处都是。

2 拿锋利的小剪刀把便利贴上的图案剪下来，稍微往轮廓里剪一点儿。这样做是为了防止在越过纸片边缘盖印时墨水向外流淌。如果你用的纸比较厚，你需要再往里剪。

3 首先把最前面的主要图案印在纸上。

4 确认第一个图案完全干掉之后，再把剪下的纸片盖在上面，因为纸片上有背胶，所以能够粘住。印下与第一个图案部分重叠的第二个图案，打造层次感。

手工小窍门

既然你花时间印下并剪出了遮蔽纸片，不妨把它贴在一张塑料片或纸上，保存在塑料夹或文件夹里，方便以后使用。

5 如果你还想多印几个重叠图案，那就继续遮住第一个图案。

用海绵制作背景

用遮挡纸片可以盖住已经印下的图案，留下周围的区域，那么就可以快速用海绵棒印台给这片区域精确地上色。

1 在便利贴上印出图案并剪下来用作遮挡纸片。在卡片上印下同样的图案，将纸片覆盖上去。在一张便利贴纸上用打孔器打出一个方形的孔，把方形纸丢弃，留下带方框的纸。将方框套在图案处，在方框周围再加上一些便利贴纸，起到保护作用。用海绵印台在图案边缘至方框的这一区域上色。

2 用海绵上完色后，把遮挡纸片和便利贴纸拿开，再给图案上色。

手工小窍门

如果你的图案比例子上的大很多，你可以用纸条拼一个方框，用直角三角板来帮助你确定方框的四角是不是直角。

在框内盖印

除了可以将方框套在印下的图案周围以外，还可以剪下方框图案的遮挡纸条，来遮挡卡片上的方框图案，这样就能直接在遮挡纸条上印下另一个图案，制造方框内有图案的效果了。把遮挡纸条拿走后，第二个图案就被方框围住了。

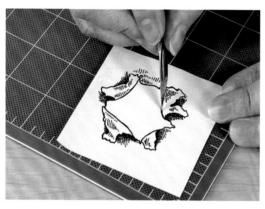

1 在便利贴纸上印下方框的图案。用一把锋利的美工刀，在切割垫上将方框内部的轮廓切割下来。

2 在卡片上印下方框的图案，上好色。

3 将便利贴纸上的方框图案对准卡片上的图案，再在周围加一些便利贴纸用于保护卡面不受污染。在方框中心的位置印下第二个图案，等墨水干后，拿走遮挡纸条。

4 之前裁下的方框内部轮廓的那张纸片又可以拿来遮挡卡片上方框的内部，再印下第三个图案，就可以作为方框的背景图案了。

简单的浮雕工艺

浮雕即在印下的图案上形成凸起的线条或平面，是印章中一种能让人眼前一亮的工艺。制作浮雕需要三个阶段——首先，印下图案，再抹上浮雕粉，最后对图案进行加热。高温可以使浮雕粉中的粒子熔融在一起，形成一块塑料表皮。浮雕工艺其实很简单，又能大大延伸你的创意空间。你可以在许多材质的卡面做出浮雕效果，包括卡纸和纸、耐热醋酸纸、木板、金属箔和布面。

浮雕粉

浮雕粉有许多类型，不过主要分为以下几大类：

· 金属色与彩色浮雕粉（不透明）

· 珠光浮雕粉（半透明）

· 闪片或亮片浮雕粉（不透明、半透明或透明）

· 水晶浮雕粉（透明）

大部分橡皮章玩家都是从金银两色的浮雕粉开始的。每次使用时都不要忘记看看盒子上的标签，确定浮雕粉是什么类型，这样才能选择和浮雕粉匹配的印台。

如果浮雕粉不透明，你可以使用浮雕粉专用印台，Tinted Emboss™或VersaMark™印台，或是彩色颜料印台——选择与浮雕粉的颜色搭调的印台，这一点很有用。

如果浮雕粉是半透明或完全透明的，你要考虑浮雕粉会被用在哪种颜料或者浮雕用印台上。

使用热喷枪

√市场上有好几种不同类型的热喷枪，买之前先试一试，选择最适合你的那一款。

√要加热浮雕粉，也可以把作品正面朝上，用钉子固定，放进烤箱里加热，直到浮雕粉融化。但是一把热喷枪比起烤箱来还是安全可靠得多。

×不要用吹风机来加热，因为吹风机风力太大，热度又不够使浮雕粉融化。

√谨记要保护你的作品不受高温损害。旧切菜板或者安装板就能起到这个作用。

×切勿在切割垫上使用热喷枪，因为切割垫受热会变弯曲！

保存浮雕粉

如果你经常使用浮雕粉，你应该将其储存在浅口、带盖的容器里，里面可以放一个勺子。

减少浮雕粉堆积

在盖印之前，用防堆积粉扑好好擦拭卡面，防止多余的浮雕粉堆积在卡面上。这样做不但可以防止浮雕粉堆积，还可以吸收水分，因为有些卡片比其他材质吸收的水分更多。

1 使用浮雕粉专用印台或 Tinted Emboss™ 印台——这种印台可以让你清楚地看到你在什么位置盖下了图案。

2 将浮雕粉小心地铺在图案上。浮雕粉的量要刚好够覆盖整个图案。这里用勺子会更方便。

3 轻轻地将图案上的余粉倒到一张干净的纸上，把余粉放在一边。湿润的墨水会牢牢粘住浮雕粉。检查一下有没有地方没有沾到浮雕粉。

手工小窍门

如果不想浪费多余的浮雕粉，可以将纸张对折，做成一条"通道"，让上面的余粉顺着这条折痕倒回盒子里。

4 将印有图案的这张纸放在合适的台面，进行加热。热喷枪离卡面至少 2.5cm，来回打圈扫过整个图案，让浮雕粉渐渐融化。要在光线好的地方进行这一步骤，这样你才能看清楚浮雕粉融化时图案的变化。如果图案的轮廓凸起，呈现光泽感，就停止加热。如果过度加热，浮雕粉反而会陷进纸里，呈油状质地。

5 浮雕效果完成后，可以用毡头笔、彩色铅笔或颜料给图案上色。由于图案的轮廓是凸起的，填色时就不容易涂出界了。

同色系的墨水和浮雕粉

有时候，图案和浮雕粉选择相同的颜色不失为一个实用的方法，特别是在做浮雕的时候如果有些地方有遗漏，这种方法可以补全瑕疵。金色配金色就非常不错，你也可以试试下面这些搭配。

浓烈的颜色

· 铜色浮雕粉可与棕色墨水搭配

· 黑色浮雕粉可与黑色墨水搭配

柔和的颜色

· 珠光蓝色浮雕粉可与黑色墨水搭配

· 珠光金色浮雕粉可与金色墨水搭配

抗色浮雕

抗色浮雕参考了传统的蜡染艺术，即在上蜡的布面上实现抗色效果。这里说的抗色效果则是由浮雕粉实现的。这种技术能够做出视觉效果协调耐看的背景，背景上可以叠加其他图案。只要多加练习，你就可以将好几种颜色混合在一起，做出非常漂亮的背景。

1 用 Clear Emboss™ 印台为背景图案上色。对于这种大块的背景图案，最好是把印章的印模一面朝上放置在桌上，然后拿印台在印模表面印压。把印章放置在光线良好的地方，检查印模是否完全上色，也就是看看是不是整个印模表面都泛着湿润的光泽。

2 将卡片直接印压在上好色的印模上。用一只手的手指轻轻摩挲并印压卡片。同时，用另一只手将卡片固定。

3 将透明浮雕粉撒在上好色的卡片上，抖掉多余的粉末。用热喷枪加热浮雕粉直到融化——均匀加热整个表面，要避免遗漏任何区域，因为加热大片区域时很容易漏掉一些地方。

手工小窍门

浅色的卡片最适合采用抗色浮雕工艺，卡片的颜色越深，就需要用海绵头印台填充更浓烈的颜色。如果同时使用两种颜色，在浅色的背景上混色和阴影也能呈现得更充分。

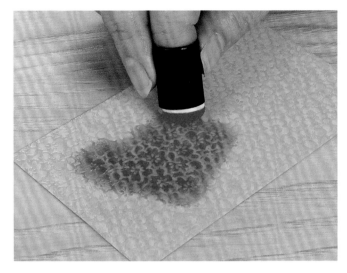

4 卡片冷却后，用 Sponge Dauber™
海绵头印台涂抹工具先从颜料印台上
蘸取颜色，再将颜色涂满已经做好浮雕效
果的整个卡面。涂抹时别怕浪费墨水，一
定要全部都涂抹到，才能达到好的效果。

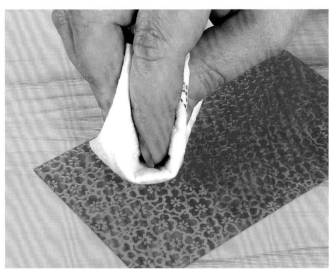

5 抽取一张厨房用纸，轻轻擦拭卡片表
面多余的墨水。拭去残留墨水后，印
章和浮雕合力形成的花纹就显现出来了。
浮雕花纹重新展示出了卡片的颜色。

手工小窍门

　　不要使用闪片或金属箔材质的
浮雕粉，因为在进行浮雕处理的时
候，这种粉会造成卡面不平整，这
样就很难用海绵头上色了。

配色练习室

用印章做手工时，从卡片到纸张，从墨水到浮雕粉，再到所有用于上色和突出印章图案的工具，以及各种装饰品，例如丝带、串珠、贴花，印章中的所有元素在色彩使用上都可以大做文章。面对这么多种色彩，你可能会眼花缭乱，而为了达到最漂亮的视觉效果去选择和搭配颜色，则更是个不小的挑战。

不过，只要在颜色的选择和使用上有一些基本的原则，并且在最重要的动手前的设计阶段有一些实用的思路，你很快便会在配色上充满信心，还会在这个环节充分发挥自己的创造力。

从哪里开始

从你想要使用的印章图案中找灵感。

想想你的手工作品是为谁创作的，他们的性格、喜好是什么。例如，他们喜欢穿什么颜色的衣服，或者他们偏好什么样的装修风格？他们是外向还是相对安静？他们是不是热爱动物和大自然，又或者他们有没有特别的爱好，比如帆船运动或购物？

如果你的作品是要纪念一个特殊的事件，比如生日或婚礼，那么不要忘记色彩能够反映心情，所以大胆而明亮的色彩和生日很搭，而柔和的颜色则适合用于婚礼，这种颜色和婚礼那轻柔而浪漫的主题相得益彰。

选择能让人自然联想到某种色彩的主题。比如非洲主题应该采用浓郁而温暖的棕色和大地色，冷色调的蓝色和绿色适合用在以水和自然为主题的创作中。

收集一些你想要在作品中作为亮点的材料，这样能促使你想出一个配色方案。例如，丝带或花纹纸或许能启迪你设计出一套色彩搭配或使你找到色彩间的联系。

灵感来源

到一家手工艺术店购买一个专业色轮。

看看你的周围，寻找家里的装潢、服饰或家居用品中效果不错的配色方案。

去DIY商店买些色卡，把这些色卡放在一起看看颜色是否搭配。如果你要看某种颜色变浅或变深时它的色调是否改变，这些色卡尤其能派上用场。

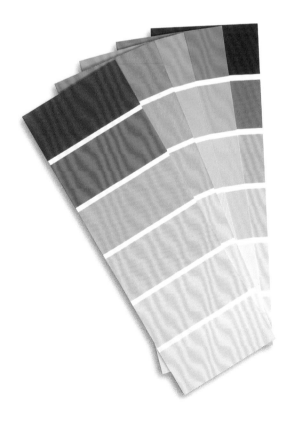

进阶成为色彩达人

◎一幅图案总有它的线条或轮廓，你的配色方案也应该将这点考虑在内。选择黑、白、金、银作为印章图案的轮廓色，它们分别会与轮廓内的颜色产生不同的反应，形成不同的效果，改变色彩的亮度。像黑色就会使明亮的颜色显得更跳跃，而浅色可以衬托柔和的粉彩色。

◎将配色方案运用到各种各样的材质和纹理上，进一步探索它的可能性。

◎拿两张一模一样的卡片，用其中一张来尝试不同的颜色或色调。在给你的作品上色前，记得先用铅笔或钢笔试试颜色是否搭配和谐。

理解色彩

强度指色彩明亮或暗淡。你在图案设计中使用的色彩强度会使作品的视觉效果产生明显变化。以下是一些简单的配色方案，并且旁边配有图例。

明亮色系

用最饱和的红色、黄色、蓝色、绿色、橙色以及紫色营造一种明亮、活泼的配色方案。这种配色是趣味儿童卡的理想选择，这种卡片的设计通常很有现代感，多使用向日葵和蝴蝶等图案。

黑白和中性色系

黑色使色彩跳脱，而白色可以降低颜色的浓度。黑白两色和大多数中性色很搭，包括棕色和灰色。这种配色方案适合打造复古、做旧效果的图案，尤其适合做送给男士的卡片。

粉彩色系

将大量白色掺进一种颜色中，会使这种颜色看上去柔和而明亮。给小宝宝的卡片和婚礼卡片最心仪这种粉彩色系的配色。

单色色系

这种配色方案最简单，因为你用的都是同一种颜色的不同色调，怎么可能出错呢！只要选一个适合你作品主题的颜色开始创作就可以了。

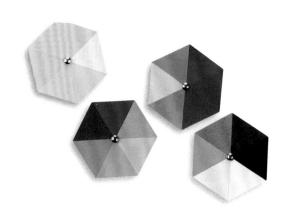

无彩色系

　　这种配色方案通常被称作"无色"，它只使用黑白灰三色。这种配色适合于创作现代气息浓郁的蚀刻效果的图案。

互补色

　　如果你想达到最强的视觉冲击力和最浓烈的色彩搭配效果，那么选择互补色吧。互补色都是一对一对的——有红色和绿色，橙色和蓝色，还有紫色和黄色。圣诞卡片就是运用了互补的红色和绿色的最典型的例子。

冷色与暖色

　　蓝色、绿色、紫色和粉色是冷色，它们可以互相搭配。黄色、橙色、红色和棕色是暖色。你可以想想这些颜色的各种色调能否在大自然中发现，它们是怎么构成自然景象的，是不是每个景象包含明显的暖色系或冷色系的颜色，例如日落多是暖色，而大海和森林多是冷色。

色彩的效果

一旦你对印章开始上手了，花时间一点一点给作品上色将会乐趣无穷。上色工具多种多样，你可能在学习印章之前家里就已经有了一些了，比如彩色铅笔、毡头笔等，你可以尽管去尝试。其他的上色工具，你可能只在商店或手工展上见过。每种工具都会给图案带来不一样的变化，特别神奇，也正因如此，你在上色时可以玩出多种花样。要试着用用不同的工具，找到你用得最顺手的那一种，达到想要的效果。

1 预混合珠光颜料

2 水彩铅笔

3 水彩毡头笔

4 装饰粉笔

5 箔纸与印台

6 彩色软铅笔

7 水彩毛笔和彩色素描毛笔

8 尖头毡头笔

9 刷头马克笔

10 油性记号笔

11 管装水彩颜料

12 多功能手工墨水，Fantasitix™毛笔及圆头上色笔

水彩效果

水彩可以叠加颜色，可以薄涂，也可以做出浓淡渐变的效果，形成阴影，营造画面的立体感。用水彩上色时，始终要记得使用永久性墨水或浮雕处理，否则水彩会晕染出图案的边界。

刷头马克笔

1　准备好要上色的图案。用刷头马克笔在塑料颜料盘或旧塑料盖上涂上少量颜色。

2　拿一支干净的画笔，蘸水。用蘸水的画笔稀释颜料盘上的颜料。如果颜料已经干掉，画笔上的水可以让颜料重新湿润。

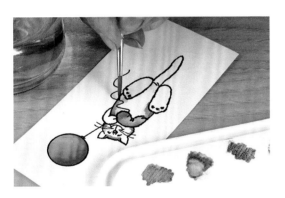

3　开始上色。每次都要先薄涂，再慢慢加重颜色。继续上色，直到画出你预想中的明暗对比效果。边缘的颜色要暗一些，中央的颜色淡一些，这样可以塑造出立体的效果。

水彩毡头笔

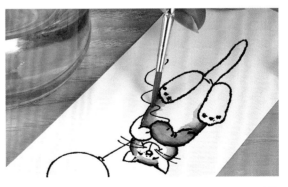

1　使用水彩毡头笔给图案每一块区域的边缘上色。

2　用画笔沾水，在毡头笔描过的基础上继续上色。这样做可以使毡头笔画下的颜料重新湿润，而且这时你可以从边缘浓烈的颜色逐渐向中间大片空白的地方晕染。

水彩铅笔

1 只在图案的小范围区域用水彩铅笔上色。上色时要思考哪些地方的颜色要明亮，哪些地方的颜色要深。在应该上深色的地方涂深色。

2 用一支干净的毛笔蘸水，每次晕染一种颜色，将颜色晕染到空白的区域。

3 你可以用水彩毛笔。这种毛笔内置有储水管，把笔头拧开，将笔身稍微探进水面下，挤压笔身，即可将水注入储水管中。

4 你可以用蘸过水的画笔或水彩毛笔直接从水彩铅笔上取色，再给图案上色。

珠光和金属色效果

　　珠光和金属色的上色效果和我们之前介绍的那些形成了较为强烈的对比。珠光颜料色彩夺目，尤其是画在深色卡纸上的时候，例如图中的黑色卡片。这种颜料也可以混合调色，形成许多新的颜色。金属色铅笔的颜色不那么浓烈，但也可以产生非常华丽的光泽。

金属色铅笔

金属色铅笔同样在深色卡纸上效果出色，因为深色背景能突出金属色质地。比起颜料，铅笔更容易上手，对于刚开始学习上色的人来说尤其如此。

珠光颜料

拿一支干净的画笔蘸水，用湿画笔在颜料上涂画使颜料重新湿润，这样做同时能够取色。

色彩效果对比

你大可以试试本书介绍的不同上色方法，比较一下用不同的上色工具给图案填色，得到的效果有什么不同。右边这几幅例图就展示出不同上色工具的效果有多么丰富。

A 普通毡头笔，直接用笔头上色。

B 普通毡头笔，从颜料盘中取色，用水稀释过。

C 彩色铅笔，有明暗和混色效果。

D 装饰性粉笔，为使颜色更柔和，盖印时使用了棕色墨水。

粉笔效果

如果要炮制柔和的风格，特别是给一些精致、可爱的图案上色时，如花朵、泰迪熊或小老鼠，不妨试试便捷好用的装饰性粉笔。这种粉笔成套出售，一般有9到24种颜色，可以和任何印台搭配。你需要的上色工具就只有棉花团或棉签。粉笔强化剂可以提升颜色的层次，让颜色变得更浓。在后面的章节你可以看到更多不同的使用粉笔的技巧。

1 盖印图案——为了使画面更柔和，可以不选择黑色，而是像上图一样用棕色上色。用棉花团给大面积区域上色，先上最浅的颜色。拿棉花团在粉笔块儿上轻轻摩擦，即可取色。

2 使用棉签给小面积区域上色、处理细节。每种颜色用一根棉签。

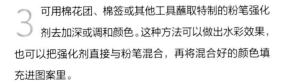

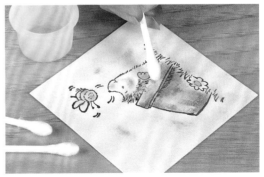

3 可用棉花团、棉签或其他工具蘸取特制的粉笔强化剂去加深或调和颜色。这种方法可以做出水彩效果，也可以把强化剂直接与粉笔混合，再将混合好的颜色填充进图案里。

色彩的点缀

　　装饰品不仅为你的作品增添了色彩，还能修饰一些细节，为最后的成品增加质感。各个手工商店和供应商出售的装饰品琳琅满目、十分悦目，你很容易就能从中找到个性化的装饰，让你的作品更加完整，表达出自己的个性和创意。但是，你也要以一种全新的眼光，仔细看看家里已经有的一些材料，看能不能从中找到灵感，比如旧纽扣、破损的首饰、邮票等。而且，你还可以处处留心，寻找有趣的元素，融入到今后的作品中。现在就开始收集吧！

1 镶孔金属环

2 按扣

3 角钉

4 刺绣补丁贴

5 纽扣

6 串珠

7 迷你串珠

8 玻璃珠

9 Fun Flock™趣味绒面粉

10 立体水晶贴

11 闪粉胶水

12 金属箔

13 丝带

14 纱线

15 丝质流苏

16 小捆金属丝

17 大捆金属丝

透明收纳盒

市面上有许多好用的收纳盒，能够整齐地码放你的装饰材料。单个的圆柱形透明小盒或方形内部有隔层的盒子是收纳串珠、纽扣、镶孔金属环的理想工具，你可以根据颜色或形状来收纳它们，这样扫一眼就可以清清楚楚地看到自己的藏品，选择和取物就非常方便了。

角钉（纽扣型纸钉）、按扣和镶孔金属环

这几种材料可以用来把很难粘贴的材料固定在卡纸上，例如硫酸纸、金属箔和醋酸纸，还有其他元素，包括标签和吊坠等，但它们本身也可以是单纯的装饰品。它们的大小和形状不一、颜色各异。如使用角钉，需事先在纸上打孔，将角钉的两个尖齿穿过孔，再向外掰平，让尖齿服帖地固定在卡纸上。如需固定孔眼和按扣，你同样需要孔眼垫、调节器和锤子。

串珠、纽扣和吊坠

这几种材料的颜色、形状、质地、纹路和尺寸多得数也数不清。可以直接将它们缝在卡面上，也可以用金属丝、丝带或纱线把它们连成一串。如果你想要直接用胶水把它们粘住，必须使用有弹性的PVA胶（白浆胶），例如Hi-Tack Glue™胶水。

Fun Flock™趣味绒面粉

这是一种毛毡粉末，可以作为覆盖在图案上的涂层，给人以柔软、密实的触感。用这种粉末可以模拟动物皮毛或积雪的手感。首先在你要铺绒面粉的区域上好色，再涂上一层薄薄的液体胶水，然后找一种颜色搭配的趣味绒面粉，撒在胶水上，然后把粉压实。

迷你串珠

这些珠子体积非常小，没有孔。可以把迷你串珠铺在表面当涂层，起到突出或装饰某个部分的作用。

天然饰品

贝壳、枯叶、羽毛、干花等都可以从手工商店购买，这样你就不用专门跑一趟海滩或花园了。这些装饰品和户外主题很搭，比如园艺和垂钓主题的卡片。小贝壳和玻璃珠混搭，就能打造特别棒的海滩风情。

闪粉胶水

这是一种混合了闪粉的液体胶水，颜色丰富。闪粉胶水那种亮晶晶的效果很适合用来突出图案，也能够打造水滴效果。

平底亚克力宝石和水钻

装饰卡片的时候，一切亮晶晶的东西都可以为我们所用。平底亚克力宝石有各种各样的颜色和形状，有星星形、爱心形、水滴形、三角形、方形和圆形。通常那种一整条的宝石都是可粘贴的，散装的就需要你自己粘贴了。Diamond Dots™宝石都是平底、可粘贴，并且带有闪片的，其中雪花和花朵形状的宝石非常好用，你也可以找到许多别的形状。你还可以在贴好的宝石上滴上透明胶水，使宝石呈现立体的半球形效果。

金属箔

金属箔可以单片购买，也可以是一卷一卷的成套出售。不管是何种卡片，金属箔都可以给它带来一丝奢华的气息。彩色金属箔同样也有许多花纹和颜色可以选择。你可以使用金属箔去填充整个图案，也可以简单地用它来点缀小范围区域，例如蝴蝶翅膀的尖端或花瓣。你需要特制的金属箔胶水来粘贴金属箔。

丝带、纱线、酒椰叶纤维和细绳

丝带有各种各样的材质、纹理、图案、颜色和宽度。你的卡片的主题通常决定了你会选择什么样的丝带，例如是透明、丝质还是纸质的。你可以在卡片上加上一个用丝带系成的蝴蝶结，也可以用丝带绕着卡片打一个结。如果你不想卡片那么正式，想做出自然一点儿的效果，酒椰叶纤维或者细绳是理想的选择。纱线可以为你的作品增添生动的色彩和有趣的纹理，用来挂标签页很漂亮。你可以用纱线自己做流苏，或者使用现成的丝质流苏，做出更复杂的造型。

金属丝

细金属丝可以拿来当线使用，而且非常适合用来穿串珠。你也可以用金属丝在卡片上绕来绕去，做出弹簧的形状，或者试着做成衣架或回形针。除了标准大小的金属丝线轴外，还有小号的装饰性金属丝，这种金属丝有多种颜色可以选择。

整体展示练习室

如果想要你的印章作品看起来相当专业，那么好的视觉呈现效果就是关键，而且如果作品的效果好，你也会从中获得满足，这本身就是非常有成就感的一件事。首先，你心中要有一些基本的设计原则来帮助你构思图案、选择颜色以及增加点缀以达到最好的效果。和展示同等重要的，是你要了解如何制作一张最基础的对折卡片，这样你才能在上面尽情发挥你的创意。

方形卡片

方形卡片适合比较对称、规整的设计方案。卡片的正中心是一个非常突出的视觉焦点。正方形的图案和正方形的卡片总是很搭，但直线型的图案也可以和其他元素结合——标签或其他饰品——来实现整体都是方形的设计。

在卡片正中央放一个小的印花，能够让该印花图案形成强烈的视觉效果。

叠加图案，每层图案在颜色和宽度上都有不同，形成对比。而卡片的背景花纹和印章图案相同。

你可以在方形卡片上使用单数的图案，将它们垂直排成一列，放在卡片的一侧或中央。

这种设计缺乏视觉焦点，因为四个重复的图案分得太散了。

把这四个重复图案聚拢在卡片中间，就有了焦点。

进一步发挥，可以把四个图案叠加到一张卡片上，这就做出了边框。

长条形卡片

和方形卡片类似，对于长条形卡片来说，选择一个同样长方形的图案来搭配是最安全的做法，而且这种搭配会使得长条形卡片看起来更为修长。在长卡片上使用重复的简单花纹也非常合适，可以完全直线排列，或者以各种角度排列，呈现出垂直的线型设计。不要忘了，长条形卡片还可以倒过来，从长边打开，变成横的长方形卡片——这可是展示一整行图案的理想卡型。

如果把图案放在长条形卡片的正中央，那么卡片看起来会比较奇怪，画面也不和谐。

把图案放在卡片的上方，也就是眼睛会自然盯着的地方，这样看起来就好多了。

把图案叠在其他卡片上面，每层卡片的颜色和边缘形状都不同，形成视觉对比，也使画面更富趣味。下面再加上一列垂直排列的心形，让呈现效果更加完善。

这个设计让三个距离相等的图案彼此离得太远了，所以卡片看起来既没有重点也没有趣味。

把三个图案聚集到一起，让这组图案往上靠，卡片因此有了焦点，也能达到视觉平衡。

三个图案背后叠加的是裁剪成条状的对比色卡纸，和一般完整的方形卡纸不同，而且这些条状卡纸的宽度和边缘形状各不相同，使整个图案看起来很有意思。卡面上添加的几个小小的心形也进一步完善了呈现效果。

一个印章，五种设计！

这个专栏将告诉你同一个印章图案如何以不同的方式呈现，做出不同造型。要实现这个目的，你只需要在叠加上做一些调整，加上一些基础的装饰品。所有卡片都是用A6纸，也就是14.8cm×10.5cm的卡纸做的。

边框在整体呈现中扮演着重要角色。边框常被用来强调图案、提供框架。可以把几个同等宽度的边框叠加起来，营造阶梯效果，也可以把窄的和宽的边框放在一起，就像左图中那样。

这张卡片上只留下一圈很窄的白边，但是这个宽度足够了。大片的紫色卡纸上印下了浅浅的花纹，覆盖整个表面，使得纸面呈现出特别的纹路。

做背景的卡纸不一定要是长方形或正方形的。两个不同大小的标签纸叠在一起，也可以作为图案的背景。

为了让画面更有趣，可以把图案的两条边以某一角度撕开。角钉可以离图案的四角远远的，打造结构的丰富感。

将三枚重复的图案排成一行，在横向的卡面上打造一个不同寻常的造型。背后紫色卡纸的撕裂的边缘反而和它上面的主图案卡纸形成互补。

做一张对折卡片

现在，你已经知道了基本的设计原则以及它如何指导我们的手工实践，相信你也从这些整体呈现方案中获取了一些灵感，你需要做的就是花一点点时间来学习如何做一张完美的对折卡片，然后就可以尽情尝试不同的印章设计和工艺了。

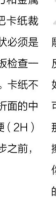

1 使用切纸机或美工刀和金属尺子，在切割垫上把卡纸裁成你要的尺寸，要保证形状必须是方的，如有必要，用三角板检查一下卡纸的四角是不是直角。卡纸不使用的那一面朝上，量出折痕的中间点，在上下两条边上用硬（2H）铅笔标记出来。进行第二步之前，再次检查这一步。

2 将金属尺子放在纸上，连接上下两个铅笔标记。使用浮雕笔圆头一端沿着尺子画出折线。反复描几次，保证折线嵌进了纸面。如果你描得不够用力，卡片的折线可能不平整；如果你描得太用力，那条折线可能就不太结实了。然后擦掉铅笔印。如果你用的是切纸机，你可以直接使用切纸机上用于标记的刀片。

3 将卡片对折，把刚才描出的中线折到卡片里面去。轻轻按压折好的卡片。

4 可以用手直接对折卡片，也可以用折页用骨篦沿着折线压一遍，会使得折线更加平整。使用之前要保证骨篦洁净，或者在卡片上盖上一层纸或纸巾，保护卡面不受损坏。

你需要

切纸机或美工刀、切割垫

金属尺子

硬（2H）铅笔

双头浮雕描线笔

橡皮擦

折页用骨篦

开始之前

◎卡纸尺寸/规格

大部分卡纸的规格都是A4（或美国信纸）规格。如果你沿着它的长边将它裁成两半，你可以得到两张A6规格，也就是14.8cm×10.5cm的卡纸。你还可以沿着这两张A6纸的短边将它们对折，就可以得到长条形的卡片了。

◎检查纹理

在裁剪之前，看看纸的纹理走向。试试横着或竖着对折卡纸，但不要留下折痕，如果是顺着折痕，纸很容易就折弯了。如果纸是顺着纹路折的，就可以轻松对折，折痕也会十分平整清晰；反之，如果是逆着纹路折，不但很难对折，而且折痕也不平整，还可能会破坏纸面。

◎检查纸面

有一些纸的两面有明确的可用和不可用之分，而有的纸使用哪一面就是你的个人喜好问题了。比如亚麻卡纸，纹理更丰富的那一面才是应该使用的一面，所以应该把不使用的那一面标记出来。

创意练习室

剪贴艺术・阴影效果・粉笔画・用海绵为背景上色・褪色效果・浮雕笔

多重浮雕・遮蔽・轮廓裁剪・3D拼贴・醋酸纸・珠光效果・拼贴画・丝绒纸

热缩片・金属箔・用手滚上色・醋酸纤维・造型石

拼贴艺术

拼贴指的是把印好的图案剪下来，再把它们粘贴到另一个平面上。你既可以直接盖印图案，也可以在本身有花纹的纸上盖印图案，这样就可以用纸上的花纹填充图案了。

闪烁的金属箔可以突出蝴蝶的翅膀，完成后的作品中图案非常平整，看起来就像印上去的一样！

你需要

三种花纹不同但互相搭配的纸

白色的对折卡片，规格：21cm×8cm

淡紫色和紫红色的珠光纸

墨黑色的Brilliance™印台

蝴蝶图案的印章

金属箔

金属箔胶水笔

花瓣形状的打孔器

黑色角钉形状的贴纸

重要提示

应该使用图形简单、轮廓明显的印章，盖印后的图案容易裁剪。等有了经验以后，你可以尝试更精细的图案。

1 准备好做背景的图案纸。先裁剪第一种图案纸，使其覆盖白色长条形卡面右半边，并用喷胶粘贴好。撕掉第二张图案纸的边缘，把它粘到卡面的另一侧，边缘要和第一张纸些许重合。

2 使用黑色印台,在卡面中间印下三只蝴蝶。盖印时要确保两张背景纸上都有图案,并且每次可用不同角度盖印,营造出蝴蝶翩飞的效果。

3 拿出第三张花纹纸,在上面蘸取黑色印台盖下三只蝴蝶。盖印时注意可以在更有趣的部位印下图案,例如有的区域颜色和图案更为鲜艳亮眼——这些区域可以是蝴蝶的翅膀。

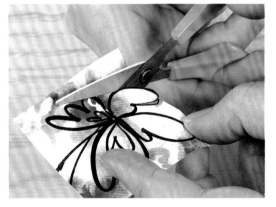

4 用一把小而锋利的剪刀将刚才印好的三只蝴蝶剪下来,蝴蝶的触角不剪(不需要触角)。剪的时候记住沿着图案轮廓的中间位置剪,这样才能确保不剪到轮廓外的多余部分。

5 用金属箔点亮蝴蝶的翅膀。具体做法是:将金属箔用胶水笔点在蝴蝶的翅膀上,然后轻轻地用金属箔在胶水上面按压,闪烁的一面朝下。把金属箔从胶水上剥开的时候,胶水会沾上金属箔上的颜色。

试试这个小妙招

除了金属箔,还可以用闪粉突出蝴蝶翅膀。在图案上点上一点儿闪粉胶水或薄薄一层PVA胶水,然后撒上闪粉即可。

6 使用固体胶棒，把刚才剪下并处理过的图案粘在卡面的蝴蝶上，记得要对准轮廓。粘上之后，之前印下的蝴蝶触角依然在那儿，所以不要怕你的蝴蝶没有触角。

7 用打孔器在珠光纸上裁出不同大小的花朵。将一些小花粘在大花上，制造一些双层花朵。用胶棒把花朵粘在卡面上之前，要预先把它们摆在卡面上，排一排位置。

重要提示

最好用胶棒将纸片粘在卡面上，因为涂上这种胶后，短时间内依然可以移动物体，你可以调整一下纸片的位置。

聪明的印章玩家这样做

拼贴

· 使用薄薄的纸张，这样卡面上才不会有很厚的凸起。

· 选花纹时要注意——不要把小图案印在花纹很大的纸上，也不要把大图案印在花纹很小的纸上。

· 最好从套装中选取花纹纸，因为混搭很难搭出和谐的效果来。

· 预先设想一下你的花纹纸边缘要怎么与印章图案的轮廓相交，这既可以增强也可以减弱图案的动态效果。

8 用角钉形状的贴纸贴在每朵花的中心。可用美工刀拿取角钉，将它们准确地放置在每朵花上。

更多创意

树叶标签

标签形状的卡片很适合做随手卡或书签。棕色和绿色花纹的纸可用于树叶印章图案的拼贴。画框中树叶的制作和剪贴很简单，而其他图案则是先盖印、裁剪，再粘贴到主图案上的。角钉、孔眼以及手绘的针脚线，进一步装饰了卡面。标签的孔中穿的是一束羊毛和纤维，看起来很有意思，这些线也可以用来穿串珠。

阳光的问候

这张精美的卡片在一套纸中使用了五张不同图案的纸进行叠加创作。印章在每张纸上都盖印了一次，然后把图案剪下来，组装，并粘贴在蓝色纸的图案轮廓上。每一块图案上都有2~3层的拼贴，给人以三维立体感。同时花朵和心形上都增加了金属箔，达到画龙点睛的效果。手工画上去的针脚线更是让整张卡片有一种家庭纺织和拼缝的质感。

海里的贝壳

现在花纹纸的种类越来越多，为什么不创作一张主题拼贴卡呢？以海马、贝壳和海星为图案的花纹纸和海洋主题的印章简直是完美搭配。用喷胶将花纹纸牢牢地贴在卡面上，以保证表面的平整。继续打造海洋主题，我们可以用酒椰叶纤维做一个蝴蝶结，再准备一个真正的贝壳（大多数手工商店里都可以买到），来装饰卡片。最后用闪粉来打亮贝壳图案，这能给人一种贝壳刚被海水冲刷过而亮晶晶的感觉。

阴影效果

你需要

粉色对折卡片，规格：14.5cm×10.5cm

粉色卡纸

ColorBox Fluid Chalk™淡紫色粉笔印台和深红色印台

包含6枚不规则形状的背景印章、小型方框印章和心形印章

深紫色和白色软铅笔

粉色透明窄丝带

透明带心形图案的圆牌

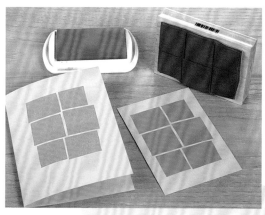

1 用淡紫色印台为背景印章均匀地上色。将印章盖印在粉色卡片的中间位置，适当而均匀地用力，让图案完整均匀地印在卡面上。再次为印章上色，然后盖印在一张面积比印章图案稍大一些的卡纸上。

阴影印章一般指用立方体的印章印出一块背景。最常用的背景形状要数长方形或正方形，有时是一块印章，也可以使用一整组印章，本节的手工教程用的就是一整组印章。大多数印台都可以配合阴影印章使用，所以印出的阴影可以有不同的效果。

在教程制作的这张卡片中，用粉笔印台可以做出轻柔、蜡笔触感的图案。彩色铅笔用于凸显扁平的图案，制造立体效果。心形圆牌和丝带蝴蝶结给作品带来一丝新意。这种心形主题的卡片适用于很多场合，例如婚礼、周年纪念日或生日，需根据场合选择卡片颜色。

重要提示

做阴影效果时，要从浅色开始，这样你就可以把颜色深一些的图案叠加在浅色上面了。

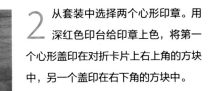

2 从套装中选择两个心形印章。用深红色印台给印章上色，将第一个心形盖印在对折卡片上右上角的方块中，另一个盖印在右下角的方块中。

3 选择第三个心形，用上一步的两个心形印章连同第三个分别盖印在粉色卡片上的三个方块中。如图，从左上角的方块开始盖印，完成后和上一步的对折卡片对比一下，确定两张卡片中同样的图案没有彼此相邻。

4 用深红色印台给小型方框印章上色，盖印在对折卡片上左侧中间那个方块中。虽然不一定要把方框完全盖在方块的正中心，但不能超出淡粉色的方块外。

5 拿一支深紫色的铅笔，给对折卡片和单张卡片上的心形上色，以突出这些图案。主要在心形的边缘涂抹，中间不要上色，这样才能做出心形的深浅对比效果。

6 用深紫色铅笔给粉色单张卡片上方框图案的中间和四角上色。

7 用一支白色铅笔突出对折卡片和单张卡片上印有心形的方块的四角。可像图中一样使用铅笔的侧面涂抹，因为这样能使笔触更柔和。

8 用一把锋利的小剪刀把单张卡片上印有心形的三个方块剪下来，剩下没有用到的三个方块可以保存起来，用在另一张卡上。

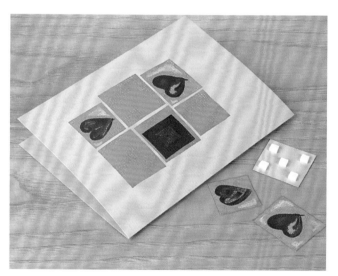

9 把小块泡沫胶粘在剪下来的三个方块背面，每个方块的四个角和中央都粘上泡沫胶。把粘好胶的方块纸片分别贴在对折卡片上的对应位置。

10 用一段丝带穿过心形印花圆牌的孔，打两个结固定好位置。在圆牌背后点上小小的两点 PVA 胶，然后将圆牌粘在左侧中间的方块上。

试试这个小妙招

在正式盖印之前，将上好色的印章轻轻印在有纹路的表面，例如波浪纹卡纸、网格纸或揉皱的餐巾纸。

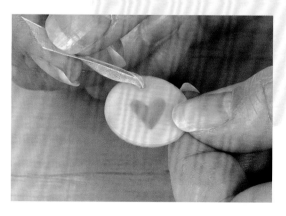

更多创意

爱心三重奏

卡片的焦点是那个爱心形状的阴影印章。一层一层的桃红色和淡红色花朵图案印在了画面上。中间爱心上的花朵图案用彩色铅笔加重了颜色，使得心形更加突出。用手撕出第二个心形图案，并且把中间挖空，就可以有一个小小的实心爱心和一个空心爱心了。左上角的实心爱心也用淡红色铅笔上了色，这两个手撕的爱心斜斜地挂在了中间卡片的两个对角上，使作品少了一丝拘谨，多了一丝玩味。此外，小纽扣和孔眼也进一步装饰了卡面。

蝴蝶与花朵

图中这种一横排的摆放方式非常适合用来布置迷你印章。印上去的蝴蝶图案仿佛就在不同的方块间穿梭飞舞一般。从背景最浅的蓝色到花朵和蝴蝶中最深的蓝色，层层叠加，使作品有了层次感。这里也用到了彩色铅笔加深翅膀和花瓣的颜色。为了统一卡片主题，图案所在的白色卡纸被叠加在了浅蓝色卡纸上，浅蓝色卡纸又叠加在了深蓝色对折卡片上，而角钉可以作为漂亮的花心。

纽扣花儿

阴影印章不是只有方块状的，还有许许多多的形状，也不一定都是实心的。在这张卡片上，花朵形状的阴影印章就和花朵的轮廓图案搭配在了一起。卡片的背景包含了浅色的笔刷印记，这实际是由印章印出来的。彩色铅笔加深了花瓣的明暗对比，而花枝图案的印章更装点了细节。紫色的花朵轮廓和彩色铅笔一起，营造出一种手工画的感觉，增加了花瓣的层次感。有些花朵是单独盖印、裁剪，然后用泡沫胶贴上去的，而纽扣做的花心增添了作品的童趣。

粉笔画

你需要

奶油色卡纸

淡绿色对折卡片，规格：16.5cm×12cm

装饰性粉笔

VersaMark™印台

干野花图案的大小印章若干

1/16英寸规格的打孔器

黄色透明丝带

4枚1/8英寸规格的淡绿色角钉

1　在盖印之前，最好先用第一层粉笔给花朵图案上色。拿一小团棉花球轻轻擦拭黄色粉笔块的表面，不要用力过大，因为粉笔块很容易碎。擦拭完后把棉花球放在一边备用。

2　剪一张13.5cm×9cm的奶油色卡纸。使用印台和大印章在卡纸中间位置盖印三朵花。先印中间那朵，尽量把花茎印直。然后再印其他两朵花，花茎与中间那朵相交。

如果你想做出轻柔、细致的质感，粉笔是不二选择，而且不管是实心还是空心印章，都和粉笔很搭。如果是实心印章，可使用透明印台，例如VersaMark™印台，然后用棉球蘸取粉笔为印模上色。如果是空心印章，粉笔既可以用来给轮廓上色，也可以给中间挖空的图案上色。

在这个教程中，粉笔很适合用来表现干花那种柔弱精美的质感。奶油色的背景卡片衬得粉笔的颜色更柔和，而整个绿色的卡面与奶油色调完美融合，纹路也非常漂亮。

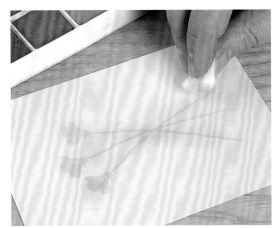

拿出黄色棉花球，非常轻柔地点在花朵图案上面。这一层颜色可以突出花朵，也使得后续的粉笔上色更容易找到位置。如果这时候动作不够轻柔，那么图案可能就直接被擦掉或者擦花了。

重要提示

去书和杂志中找找真花的照片，可以获得一些关于色彩的灵感。有些花朵是很难选择颜色的，依照真实的图片上色更简单，尤其是在你想尽量让花朵看起来逼真的时候。

遵循先浅后深的顺序，逐渐用粉笔加重花朵的层次感。在花瓣位置，花瓣顶部保持浅色，越往下颜色越深。在花枝部位，有一部分可用绿色突出。如果某一特定区域需要点上少量颜色，可以使用棉签。因为棉签头比较硬，上色时尽量小心，避免擦掉图案。

所有层次的颜色都上完后，用一个干净的棉花团把整个图案擦拭一遍。这是为了去除卡面上残留的粉笔。但是图案周围可能会留下一圈淡淡的颜色，不用在意，这一圈颜色反而能够让背景显得更美观。

用手撕掉卡纸的边缘，只留下刚好能包住图案的那一部分。撕的时候方向应该朝着自己，这样才能看清卡纸的形状。在撕裂的边缘撒上一层淡绿色粉笔，在几处随意点缀些深绿色。完成后用干净的棉花团拂去余粉。

7 剪一张 16cm×11.5cm 的长方形奶油色卡纸。使用印台和小印章在卡纸边缘随意盖印图案。使用和步骤 4 同样的颜色和方法，给图案上色。使用和步骤 6 同样的方法，撕掉卡纸的四条边，并在撕裂的边缘撒上橘色和红色的粉笔颜料。

8 用打孔器在三朵大花的花茎相交处的两边打两个孔。如果你的打孔器够不着那个位置，可以使用任意定位打孔器，如果你没有这种工具，就拿比较粗的针来替代吧。把透明丝带穿过两个孔，然后在前面扎一个蝴蝶结。

聪明的印章玩家这样做

拼贴

· 除了先把粉笔摩擦在纸上，再从纸上取色这种做法外，你也可以使用粉彩笔。

· 对粉笔来说，有许多种上色工具，包括海绵头上色工具、Fantastix™毛笔、圆头上色笔等。你可以试试这些不同的工具，找到用得最顺手的那些。

· 由于上色过程中没有用到水，粉笔可以与染料印台搭配使用。如果你用的纸张或卡纸是磨砂面或有些许纹路的，染料印台可以帮助粉笔牢牢地印在它们的表面。

· 粉笔可以用在许多种不同的表面上，包括热塑片、软木板以及布料上，只不过你可不要把印好的布拿去洗。

9 用热喷枪以不低于 5cm 的距离对蝴蝶结进行加热，这一过程会使蝴蝶结皱缩。但是没有经过试验之前，不要进行这一步，因为有些蝴蝶结可能达不到这个效果。完成后，用喷胶把小卡纸粘在打卡纸的中间位置，然后将黏合的两张卡纸再粘到绿色卡片的中间。展开卡片，用打孔器在打卡纸的四角打四个孔，在每个孔上装一个角钉。

更多创意

远航

粉笔特别适合用来画风景或海景。在这张卡上，各种颜色都很容易晕染，所以特别适合画天空。虽然粉笔的颜色本身十分柔和，这不代表它不可以醒目。这张卡片上的粉笔给人以一种清风从海上吹拂过来的感受。人工撕裂的卡纸边缘和背景的条状卡纸又产生一种风吹雨淋的做旧感。卡片左上角的船舵挂件和上面系着的几缕打结的线给整个作品的的航海风格画龙点睛。

雏菊小熊

对于可爱的小熊坐在凳子上抱着一盆雏菊这种温馨的图案，用粉笔上色再合适不过了。粉笔能柔化小熊皮毛的轮廓，也能让花朵看起来更娇嫩。图案所在的卡纸被做成了标签状，顶部有一个穿孔。为了让边框更有趣，第一层卡纸下面垫着的黄色卡纸边缘撕裂的方式几乎和上面的卡纸一样。这个标签被粘在了一张白色的长条形对折卡片上，而整个卡面铺了一层印花硫酸纸，硫酸纸上的雏菊印花和小熊怀里捧着的雏菊搭配和谐，赏心悦目。

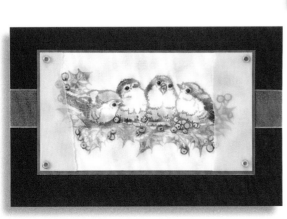

圣诞节的知更鸟

在这张卡片上，粉笔有两种使用方式：第一种是给盖印上去的知更鸟和冬青的图案上色，第二种是给树叶、莓果和小鸟的身体增加色调和阴影。粉笔柔和的笔触给小鸟的身体带来一种毛茸茸的感觉，也给整个画面带来了冬天结霜的视觉效果。冬青叶上一点点的闪粉同样也营造出了冬日冷霜的质感。淡绿色的醋酸纸和透明丝带抑制住了卡片上大红大绿的强烈视觉冲击力。

用海绵为背景上色

你需要

长方形Mosaic Sheet™不干胶白纸

红色花纹纸

蓝色对折卡片，规格：16.5cm×11cm

蓝色卡纸

冰蓝色VersaColor™彩色染料印台

Sponge Dauber™海绵上色工具

Vivid™彩虹色染料印台

素描花朵图案的印章

方形打孔器

标签形状的打孔器

1/8英寸的打孔器

红色细绳

红色心形金属片

用海绵上色的方法很适合拿来制作柔和的背景。通常，为了颜色搭配和谐，背景和印章图案会使用同色的印台。你需要使用一个圆头、紧实的海绵来避免画出明显线条，慢慢地、一层一层地上色，先从最浅的颜色上起。

教程里的这张卡片上，背景使用了海绵上色，上面用彩色印台盖印了素描花朵的图案。为了给卡片增添新意，这个背景其实是一张张背面可粘贴的纸，盖印后才被分隔开来。

1 用海绵头上色工具蘸取冰蓝色印台中最浅的两个色。只需将海绵头按压在印台表面。不要忘了每次都要先在草稿纸上试一试，以免海绵头上蘸到的颜色过多。

2 从不干胶白纸上裁下两张 5cm×3cm 小方块规格的纸。用蘸了两种浅色的海绵头上色工具给两张纸上色，上色过程中留出方块之间间隙的部位，用于之后的二次上色。海绵头上的颜色用完后，再取一次色。这样上色才会产生斑驳的效果。

重要提示

如果你没有海绵头上色工具或者合适的海绵，可以用一个小印台直接在纸上上色。

3 用海绵头蘸取比之前两色深的两个颜色。这次，填充方块之间的间隙部位。这时上色不要过多，以免画面的斑驳感被破坏。

重要提示

如果你一次要做好几张卡片，你可以一次性在整张Mosaic Sheet™纸上上色。

4 在彩虹色印台上，用红色到浅蓝色的部分给印章上色。将印模按压在印台上，手持印章在上述颜色区间内左右移动，均匀上色，但注意不要大幅度地上下移动，以免串色。将上好色的印章印在不干胶纸的中间，然后再次上色，在另一张不干胶纸上盖印。

5 小心地把小方块一个个揭下来，从边角上的开始揭。

6 从红色花纹纸上剪下一张 15cm×9.5cm 大小的纸。将其中一张不干胶纸左上角第一个方块贴到这张背景纸的左上角，在纸的上方留出一条边，在左边也留出 0.6cm 宽的距离。剪一条 0.4cm 宽的卡纸当垫片，把垫片放在第一个方块旁边，再靠着垫片贴下第二个方块。重复这一过程，直到你贴上所有的方块。然后用喷胶把这张贴有小方块的红色背景纸粘到蓝色对折卡片的中间。

7 将方形打孔器背面朝上放置，再将另一张不干胶纸上的方块之一放在打孔器中。用打孔器裁出选定区域后，保存这张不干胶纸，用于今后其他卡片的制作。

试试这个小妙招

Mosaic Sheets™不干胶纸也有其他的形状，例如三角形和钻石型，也有不同的尺寸，适合不同的造型，甚至还有不干胶纸边框呢。

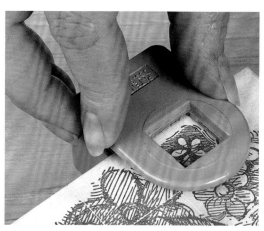

8 将刚才裁下的小方块粘在一张长方形的蓝色小纸片上。标签形打孔器背面朝上，将蓝色小纸片放置其中，对准位置，裁下标签形的纸片。

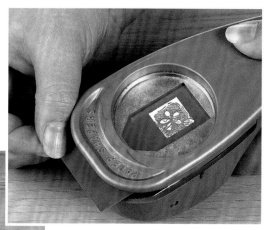

9 用打孔器在标签形小纸片顶部打一个孔。剪几段红色的线和细绳，穿进孔里，做成行李牌的样子。把细绳的顶端撕散，做出磨损的效果。再用泡沫胶把行李牌粘贴到卡片的左下角。

更多创意

恋爱中的长颈鹿

一张奶油色卡纸被海绵涂抹成棕色，为两头长颈鹿营造大地色背景。而长颈鹿是用提拉米苏色的Brilliance™印台上色，盖印在背景卡纸上的。整张卡片都使用了米色、棕色和黑色的镶边，这些颜色很适合于表现动物主题。为打造自然的效果，用海绵上色的背景卡周围一圈被手动撕掉，然后将该卡片粘贴在米色卡纸上，这张卡纸已经印有民族风花纹，从而使得作品的主题更加完整。

兰花之美

只要有足够的经验，用海绵就能做出精致多彩的背景。柔和的色泽特别适合花朵图案，而在这张卡纸上，我们用海绵把浅粉、薄荷绿、淡黄色等颜色印在了一块一块的马赛克不干胶纸上。印章则是在用海绵上好色后盖印在背景纸上的。上色应该永远遵循先浅后深的原则，包括背景花纹中那模糊的文字图案，这些文字其实给卡片增添了趣味。最后印上去的图案就像一幅拼贴画一样。卡面上还粘贴了三块方形透明塑料片，突出了整幅兰花图案的某些细节。一条长长的透明丝带又让作品的质感更佳。

一排郁金香

用海绵给一张马赛克不干胶纸涂上黄色、青柠色和绿色。第二层花朵图案则使用了多色印台盖印在不干胶纸上。卡片上的一排郁金香由上了一次色的单个印章连续盖印三次而成。从底层到顶层的颜色逐渐加深。一条手工撕成的醋酸纸被红色边框的孔眼固定在卡片上，充当郁金香的土壤。卡片中使用了绿色、红色和黄色的叠层边框，和马赛克纸上图案的颜色彼此呼应。

褪色效果

漂白剂是一种用途广泛的绘画工具。它可以用来在印章图案中做出同一颜色的不同深浅度，形成单色协调的效果。此外，它也可以使背景卡片或背景纸的颜色变浅，因此你就不用担心某些颜色在色彩浓重的背景下不明显了，同时也能保持背景的整体效果不被破坏。

这个教程中的蓝色卡片本来可能会掩盖掉用柔和的彩铅上色的花朵的颜色，但由于有了漂白剂，既能让上色效果更自然，也不会破坏背景色的大胆跳脱之美。漂亮的蝴蝶和丝带蝴蝶结更加衬托出卡片给人的那种愉悦身心的夏日风情。

你需要

蓝色卡纸

浅黄色醋酸纸

白色对折卡片，规格：12cm × 17cm

花束和蜻蜓图案的印章

皇家蓝颜料印台

透明浮雕粉

高浓度家用漂白剂

软彩铅

标签形打孔器

1/8英寸打孔器

1/16英寸打孔器

4个浅蓝色角钉，规格：1/8英寸

黄色透明丝带

金色蝴蝶纹样贴纸

重要提示

印章图案的轮廓不一定总是要用黑色。如果你作品中的对比度不那么强烈，你应该选择和卡片整体外观搭配的颜色。深蓝或棕色轮廓看起来就柔和一些。

1 用海绵头上色工具蘸取冰蓝色印台中最浅的两个色。只需将海绵头按压在印台表面。不要忘了每次都要先在草稿纸上试一试，以免海绵头上蘸到的颜色过多。

2 在保护好其他区域不受影响的前提下，把一两滴全效漂白剂倒进一个厚实的塑料盖子或浅口瓷盘里。拿一只画笔蘸取漂白剂涂抹在花朵图案上。注意不要涂出界，也不要涂到轮廓线上。漂白剂会带走卡片的深蓝色，涂抹的区域会几乎变成白色。

3 使用彩铅给图案填色。可以试试每一种颜色都使用深浅两种色调，画出图案的明暗对比。再用白色彩铅打亮树叶、果实和花朵。

4 把卡片的边缘沿着图案撕掉，方向朝着自己，方便自己随时检查卡片边缘的情况。为了保证撕掉的边缘尽量相同，应该以顺时针方向进行。

5 拿一支白色铅笔打亮花束周围的背景。涂抹时笔尖倾斜，用笔尖侧边在纸上轻轻涂抹。涂抹时可以改变你的力道，这样才能形成深浅不一的斑驳效果。花束周围的区域不用添加阴影。

6 使用喷胶把蓝色卡纸贴在一张比它稍大的浅黄色牛皮纸上。用手撕掉牛皮纸边缘，留下一条细细的边框，把蓝色卡纸包围住。这个边框宽度不需要很均匀，这样才能表现出最后的效果。

7 把蜻蜓翅膀部分的颜色漂白。用白色彩铅涂抹蜻蜓周围的区域。将标签形打孔器反面朝上，把印有蜻蜓的卡纸放置其中，选择合适的打孔区域，裁出一块标签形纸片。再从浅黄色醋酸纸上裁出一块标签形纸片。用 1/8 英寸打孔器在两个纸片顶部打孔。

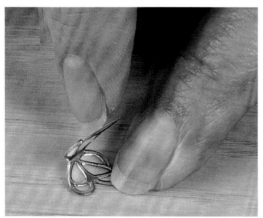

8 把之前做好的花束卡片粘贴到白色对折卡片上面。展开卡片，用 1/16 英寸打孔器在蓝色卡片的四个角上打孔，并在每个孔上安装一个角钉。再用 1/8 英寸打孔器在花束的花茎两侧打两个孔，用黄色丝带从卡面背后穿过，系上蜻蜓标签和醋酸纸标签，最后把丝带扎成蝴蝶结。

9 将两枚金色蝴蝶镂空贴纸贴在浅黄色醋酸纸上。用一把锋利的小剪刀把蝴蝶的轮廓剪下来。小心地将蝴蝶的正面对折。

重要提示

由于纸张的质量不同，漂白剂达到的效果也会不同，所以你可以多试试不同的纸张，找出效果最好的那些。

10 将蝴蝶反面朝上，背面折痕处点上 PVA 胶。用一根尖头棍子均匀、精确地上胶。将蝴蝶粘在卡面上。重复以上步骤，将第二只蝴蝶也贴上去。

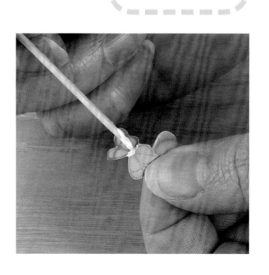

试试这个小妙招

褪色工艺可以用来制作偏自然风格的图案和外观，它可以模仿大自然中颜色渐变的现象，例如树叶和花朵的颜色。

更多创意

线型树叶

　　细致、多样的漂白方式造就了这张卡片多样的色调。在两张酒红色卡片上分别印下两个树叶图案并做褪色处理，其中一张作为背景卡片，另一张上的树叶则被剪下。剪下的树叶用泡沫胶粘在背景卡片上。奶油色的卡片在背景卡之下，充当画框，奶油色卡片下面又是一层酒红色卡片，和中间的图案颜色正好呼应。酒红色小叶子形状的纽扣装点了卡片。

向日葵泰迪熊

　　这只可爱的小熊被印在了浅棕色卡纸上，使用的是棕色的印台，之后它的身体经过漂白处理，这使得它的毛发色泽更浅。彩铅被用于增加向日葵花朵、茎秆和叶子的色调和明暗对比。长条状的对折卡片和上面的标签形装饰上都贴上了模仿瓦楞纸花纹的纸。小熊所在的卡纸周围有一圈黄色的边框，和向日葵的颜色一样。木质的瓢虫饰品带来一些童趣，标签上系的酒椰叶纤维也正好符合作品的风格。

紫色花朵

　　紫色卡纸上是用黑色印台印下的花朵。之后对花朵、花苞和树叶进行褪色处理，以去除卡纸的紫色。图案之外的背景没有经过褪色处理，只是用白色铅笔上了色。手工撕下的一条浅粉色醋酸纸对折，包住一部分卡片，上下两端被两枚孔眼钉在同样是浅粉色的对折卡片上。东方元素的装饰品应该很适合这张卡片。

浮雕笔

你需要

蜂蜜黄的卡纸

黑色卡纸

芒果色的对折卡片，规格：12cm×12cm

黑色、金盏花色和橘色的颜料印台

树叶和南瓜图案的印章

黑色和透明浮雕粉

两种绿色色调、橘色和棕色的双头浮雕笔

海绵头上色工具

1/16英寸打孔器

剪线钳

22号铜丝（直径约为0.64mm）

烤肉签

黑色孔眼造型贴纸

橘色透明丝带

浮雕笔内有慢干墨水，让你有时间去给图案上色并进行浮雕处理。你可以使用任何颜色的浮雕粉，其中透明浮雕粉很显然可以展示图案的本色。浮雕笔有四种笔头——圆头、刷头、尖头和凿子头——这些笔也可以用来画画和写字。浮雕笔的颜色非常浓郁，所以最好和硬朗、线条鲜明的图案搭配使用。

这张卡片包含了许多秋天的色彩，包括铜线和橘色丝带等。制作时要特别注意处理浓黑色的图案轮廓。卡片上用浮雕笔上好色的树叶和南瓜图案上覆盖了透明浮雕粉。

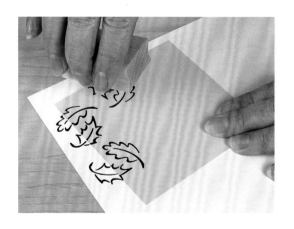

1 裁出一张 10cm 见方的蜂蜜色卡纸，将其放置在草稿纸上。使用黑色印台，将树叶图案印满整张卡纸，做出随意分布的花纹来。越过卡纸边缘的地方也要盖印。把黑色浮雕粉撒在卡纸上，抖掉余粉，用热喷枪加热，做出浮雕效果。加热之前注意要扫掉任何多余的黑色印记。

2 使用浮雕笔给树叶上色——每两片树叶中，一片上
绿色，另一片上橘色和棕色。先上浅色，以免浅色
笔尖被深色污染，使用湿润的笔尖对颜色进行晕染。

重要提示

Sponge Daubers™印台涂抹工具是你用墨
水上色时的最佳选择，因为它圆形的头能避
免产生任何痕迹或线条。如果你需要用它重
新上别的颜色，可以通过清洗除去上面残余
的墨水。

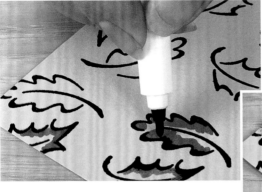

3 一次性给四片树叶上完色后，铺上透明浮雕粉。虽
然浮雕笔里有慢干墨水，分时段和区域进行上色和
浮雕处理仍旧是更好、更便捷的做法。

4 加热浮雕粉至其融化。继续上色之前，留一
点儿时间让刚加热完的图案冷却。重复这一
步骤，直至完成整个图片。

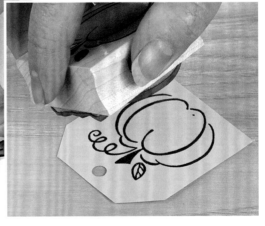

5 使用海绵头上色工具，从最浅的颜色开始，为卡纸
上树叶之间的留白处上色。随后，以同样方式上一
层深一些的橘色，但这次量要少一点儿，不能完全遮盖
住之前的浅色。使用喷胶把卡纸粘在一张稍微大一点儿
的黑色卡纸上，然后再把黑色卡纸斜着贴在芒果色的对
折卡片上。

6 剪下一章6.5cm×6cm的蜂蜜色卡纸。剪掉卡纸
头上的两个角，做成标签的形状。用打孔器在卡纸
顶端打一个孔，然后用印章和浮雕粉在标签上印下南瓜
图案并做出浮雕效果。

7 用浮雕笔给南瓜上色，在某些区域留白，使图案有现代画的感觉。用橘色浮雕笔涂抹南瓜的大部分区域，再用棕色笔涂抹在边缘区域，形成阴影。

试试这个小妙招

可以通过使用浮雕笔、透明闪粉以及立体浮雕粉来打造醒目而时髦的效果。

8 用打孔器在南瓜瓜蒂的两端分别打一个孔。

9 用剪线钳剪下一段铜线，将它扭成"U"字形，再用两端从标签背面穿过瓜蒂旁边的两个孔。

10 将铜线的一段绕着烤肉签转，使其盘绕。用铜线缠绕烤肉签时要缠松一点儿，把烤肉签抽出后，先把绕好的铜线圈压紧，再拉开，重复几遍。用海绵头上色工具蘸取金盏花色和橘色印台在标签边缘上色。拿一个黑色孔眼造型贴纸贴在标签的孔上。给标签系上一段丝带，再用泡沫胶将标签贴在卡片的中间。

更多创意

瓢虫与雏菊

为了凸显瓢虫图案，使用红色浮雕粉给图案上色，再撒上透明浮雕粉。随后将一个大的标签形打孔器反面朝上进行打孔，目的是为了能看得见瓢虫在纸片上的位置。由于瓢虫身上的浮雕粉可以起到保护作用，可以在瓢虫标签周围用海绵上色。标签纸上深深浅浅的绿色更突出了红色的瓢虫，这是因为红和绿是一组对比色。卡片还使用了雏菊贴纸装饰甲虫标签下面一层的深绿色背景。

粉色象

这只小象图案的卡片是一张很好的儿童生日卡。首先它粉色的配色很适合小女孩，但也可以把它变成蓝色，送给小男孩。配色方案很简单，基本上只有粉色和紫色。小象和"5"这个数字都是用粉色浮雕笔上色，上面铺上了透明浮雕粉。这只小象原本举着一只拨浪鼓，如果你认为不合适，可以把拨浪鼓换成其他元素，例如图中的卡片就换成了花朵造型的纽扣。小象背后的背景纸板上的印花是打孔机裁下来的花朵纸片做成的。

你的花草长势如何？

这张卡片上三朵造型简单的花非常适合用色泽明亮的浮雕笔上色。图案盖印和浮雕处理都在白色卡纸上完成，使用的是黑色印台和黑色浮雕粉。对这几朵花进行上色和浮雕处理之后，就使用海绵头上色工具，蘸取绿色、黄色和橘色给背景部分上色。另外还要盖印一朵单独的花，当作标签。三朵大花下有一些打孔器裁出的花朵造型纸片，起到边界线的作用，还有一个瓢虫造型的纽扣，装饰画面的同时不乏趣味性。

多重浮雕

用一种浮雕粉做浮雕效果，听上去很简单，可如果你开始使用超过一种颜色的浮雕粉，那么结果就是未知——并且充满惊喜的！上浮雕粉时，你需要更加小心谨慎才能成功。教程中使用的 PearlLustre™ 浮雕粉，颜色漂亮，也可互相搭配。通过使用不同颜色的卡纸和印台能达到不同的效果。

多重浮雕工艺特别适合教程中的这个卡片，因为羽毛本身的颜色就非常丰富，分布也没有规律，不过这种工艺也适合许多其他图案，例如树叶、花朵和心形。珠光卡和浮雕粉相得益彰，金属串珠更是产生了完美的装饰效果。

1 最多选择三种不同颜色的珠光色浮雕粉，前提是颜色互相搭配，并且适合用于孔雀羽毛的主题。使用 Clear Emboss™ 或 VersaMark™ 印台，将孔雀羽毛图案盖印在一张 11cm×4.5cm 大小的孔雀蓝色珠光卡纸上。印上去时图案是看不见的，所以你要小心处理这张卡纸。

2 拿一把小勺，将少量的第一种浮雕粉随机撒在图案上。要确保撒的时候留下了空隙，以便上其他两种颜色的浮雕粉。上完这一层浮雕粉后，大致上能看清楚图案了。你可以以任意顺序上这三种粉，但需要记住的是，最后一种粉的覆盖力通常是最弱的。

重要提示

如果你在创作过程中混合成了新的浮雕粉，记得在盒子上贴好标签，因为你之后很可能就不记得这盒粉了。

3 抖掉余粉，尽量不要让粉粘在其他地方。抖下来的粉可以倒回原来的盒子里。拿一支精细的画笔扫掉多余的斑点。

4 把第二种粉撒在图案上，抖掉余粉。但是这一环节的余粉可能会混进第一种粉，所以要把余粉倒进另一个容器里，但是不要丢掉它，这可是一种新颜色！用同样的步骤上好第三种浮雕粉。在你加热浮雕粉之前，要小心地拿取卡片。

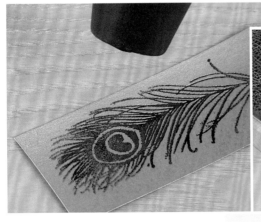

5 拿一把热喷枪加热浮雕粉直至融化。用喷胶将孔雀蓝卡纸粘贴到一张稍大一些的紫色珠光卡纸上。

6 剪下一张13.5cm×10.5cm的孔雀蓝色珠光卡纸。在卡纸上盖满印裂纹图案作为背景花纹，盖印时应稍微用力，然后像处理羽毛图案一样，使用同样的浮雕粉和印台给裂纹做好浮雕处理。

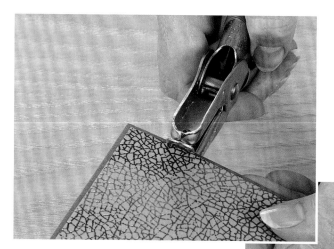

7 将裂纹纸粘到一张稍大一些的紫色珠光卡纸上。在卡片上边和下边分别量出距离右边2.5cm的地方并标记出来，用迷你长方形打孔器在标记的地方各打出一个凹槽。

8 用一段银线穿几颗珠子。如果珠子的洞太小，可以用针穿。

重要提示

多重浮雕既可以用在实心图案上，也可以用于空心图案，但为表现出每一个细节，你可以为更复杂的图案选择纹理更加细腻的浮雕粉。

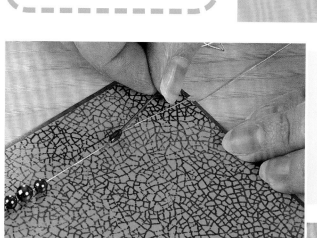

9 在裂纹卡纸背面靠近凹槽的地方，用胶带把银线固定住。将串珠移动到恰当位置，并用银线绕卡纸一圈。银线绕到前面时，再次将其穿过珠子，再绕到卡纸背面，将这一端也用胶带固定住。绕线的时候要绕紧。将裂纹卡纸粘贴到孔雀蓝珠光对折卡纸的中间。

10 用一根木签蘸取少量PVA胶涂抹在孔雀羽毛的"眼睛"上。小心地将亚克力宝石粘在胶水的位置。等胶水干掉之后，用泡沫胶把这张羽毛卡纸粘在裂纹卡纸的左边。

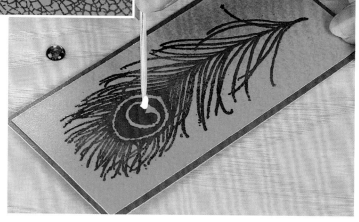

更多创意

非洲雏菊

    卡片上垂直的雏菊图案基本上算是实心图案，是采用多重浮雕工艺的完美对象，本身也适合多种配色方案。雏菊上棕色、橘色和金色的浮雕粉让人联想到非洲主题，背景卡片上的图案和木质串珠装饰更是强调了这一风格。第一层卡纸是手工撕裂的边缘，而第二层卡纸是整齐的边缘，形成明显对比。把串珠固定在金色卡纸上时，使用了细金属丝，金属丝卷曲的两端也起到了装饰作用。整张卡使用的颜色种类不多，正因如此，才有了这么一张造型亮眼、风格突出的卡片。

秋叶

    这张卡片使用了四种浮雕粉为盖印在绿色珠光卡纸上的树叶图案上色。浮雕效果做完后，用海绵头工具对树叶间的空隙处稍微上了色。在另一张同样的卡纸上也盖印了一片树叶并做了浮雕效果，这片树叶被打孔器裁剪了出来。大卡纸和裁出来的小正方形纸片下面都叠加了一张黄铜色卡纸，用来表现秋天的颜色。小颗水钻点缀了树叶，而右边一列铜色按扣也起到了装饰作用。

日式和服

    多重浮雕工艺特别适合制造图案中的色块，例如右图中的和服和背景卡纸。首先将和服图案盖印在淡紫色卡纸上，使用三种浮雕粉进行浮雕处理，然后将图案裁出来，粘贴在一张盖印有背景花纹的蓝色珠光卡纸上。泡沫胶使得旗袍浮起在蓝色卡纸上，使其成为整个图案的焦点，而最底层的金色卡纸和旗袍的金色腰带丰富了卡片的颜色构成。腰带上那颗半球形的宝石体现了东方主题，是完美的装饰物。

遮蔽

　　遮蔽是一种简单而又有效的技法。如果要在印好的图案上再印其他图案，一张遮蔽用的纸片就可以保护原图案不沾到墨水。用这种方法，就可以印出一组单个存在又互相重叠的图案，例如一束气球或鲜花。通过这种方法，你可以在作品上实现更多创意。遮蔽的处理方式也可以用来盖印背景或边框。

　　遮蔽的技巧在这张斑马卡片中被运用到了极致。卡片上的斑马图案使用了五彩印台，以创造出惹眼的三维视觉效果。而卡面上的树叶纤维、金属丝和串珠，也非常符合非洲探险的主题，增强了立体效果。

你需要

白色羊皮纸

黑色卡纸

砂岩色对折卡片，规格：9cm×20cm

玫红色Ancient Page™印台

斑马和树叶图案的印章

便利贴

提拉米苏和咖啡豆色的Brilliance™印台

保鲜膜

酒椰叶纤维

1/16英寸打孔器

26号铜丝（直径约为0.41mm）

一颗大串珠、两颗小串珠

1　使用玫红色印台，将斑马印花盖印在便利贴上。要使用永久性印台，这样用湿润状态下的印台盖印时才不会出现洇渍，这点很重要。盖印时还要注意要把图案的一部分盖在便利贴的胶条上——左图是把斑马的蹄子印在了胶条部位——这样才能固定住纸片。用锋利的小剪刀剪出便利贴上的斑马图案。

重要提示

裁剪遮蔽用纸片时，不要想着在很薄的纸上把一个非常精细的图案的每个细节都剪出来，例如左图中的斑马尾巴，因为这样会导致纸片太脆弱，使用时容易折坏。

2 剪下一张 8cm×19cm 的长方形羊皮纸，用提拉米苏三色印台给斑马印章上色，使斑马后腿沾到最浅的颜色，越往前颜色越深。上色的顺序也可以反过来，但三只斑马的花色应该保持一致，否则很可能导致印台混色。在白色卡纸左边印下第一只斑马，让它看起来是后蹄着地、前蹄腾空而起的姿态。

3 等第一只斑马的墨水风干后，用从便利贴上剪下来的斑马纸片遮住它，检查一下斑马蹄子的部位有没有粘在纸上。然后在卡纸的中间位置印下第二只斑马，这次要让它前蹄着地、后蹄腾空。这只斑马的后蹄应该和上一只斑马的前蹄重合。

4 等第二只斑马和遮蔽纸片上的墨水风干后，再进行下一步，以免留下污渍和指纹。用纸片遮住第二只斑马，然后印下第三只斑马，使其保持后蹄着地的姿势。第三只斑马的尾巴应该和第二只斑马的前蹄重合。印好后可把遮蔽纸片保存起来，留待以后使用。

5 把印有斑马的卡纸放在一张草稿纸上。将一片保鲜膜揉作一团，做成一个小小的印台。用这团保鲜膜蘸取墨水，印在卡纸的四周。先蘸取提拉米苏三色印台中最浅的颜色，再逐步过渡到最深的颜色。这种处理方法会产生一种沙尘漫天、草木茂盛的感觉。

6 用咖啡色印台将树叶图案随意印压在卡纸四周。印压时可以不断转动印章，印出不同角度的图案，并且可以试着将树叶印压在斑马蹄子之间的区域。

8 用一把锋利的小剪刀剪掉底部参差不齐的纤维。用喷胶将卡纸粘到一大张黑色卡纸的中间位置。再将黑色卡纸粘到砂岩色对折卡片的中间位置。

9 展开卡片。用打孔器在卡片封面左手边打四个垂直排列的孔，孔之间的间隔要能容下串珠。第二和第三个孔之间的距离最长。拿一段金属丝，从前面穿过第一个孔，然后穿回第二个孔，穿起一颗串珠后再穿过第一个孔，将金属丝固定。接下来的两颗串珠，采取同样方法。最后将金属丝的末端缠绕在木签上用以固定，这张卡片就大功告成了。

7 取一根木签，蘸取少量 PVA 胶水在卡纸左下方画一条直至边缘的短线。剪下几段长短不一的酒椰叶纤维。将每一段分别粘到涂胶处，按压使纤维粘紧。不要担心卡面上看得到胶水，一会儿胶水干掉就变成透明的了。整理整理几条纤维的末端，做出有趣的造型。重复这一步骤，在卡纸的中间和右侧也粘上两束纤维。

重要提示

像 Hi-Tack Glue™这种强力PVA胶相对干得较慢，但它的柔韧性较大，这就避免了在粘贴像串珠、金属丝和酒椰叶纤维这种物品时，它们从卡片上掉落。

聪明的印章玩家这样做

遮蔽

· 遮蔽纸片上的图案要用与实际图案颜色对比强烈的颜色，这样才容易区分遮蔽纸片的图案和卡上真正要印的图案。

· 裁剪遮蔽纸片时，记住要沿着图片的轮廓剪，以免出现两个重合的图案之间还有缝隙的情况。

· 始终使用较薄的纸张作为遮蔽纸片，或使用专业的遮蔽膜。

· 如果遮蔽纸片完全遮住了图案，导致你看不见图案的轮廓，应该继续修剪一下纸片，让纸片的轮廓更清晰。

更多创意

蝴蝶方块

在印好的图案旁边给背景填色或进行装饰有时是一件很困难的事。使用遮蔽手法和海绵上色则是一种简单的解决办法。例如在右图这张卡上，为了做出这几个方块，就使用了两种遮蔽纸片。首先遮住蝴蝶图案和边框，然后用海绵蘸取蓝色墨水在方块内上色。有三幅蝴蝶图案，因此这个过程需要重复三遍。方块内蝴蝶所在的背景做出了一种柔和的喷枪效果。在印上了文字组成的蝴蝶图案的对折卡片上，蓝色主题得到了延续。

撕破的纸

这张卡片很好地展示了如何使用各种形式的遮蔽工艺来创造出层次分明的视觉效果。需要制作遮蔽纸片的是那一圈撕裂的纸的图案。通过在图案内部和外部印上对比明显的其他图案，层次感立即就出现了。图案背景部分采用了海绵上色，看起来似乎真的是粘上去一张撕破的纸一样。为了使图案更富趣味，其中一个"破洞"的中央还印上了一位女士的脸。精妙的颜色搭配让卡片看起来更有年代感和沧桑感。

黄玫瑰

如果不使用遮蔽手法，就不可能像这张卡片一样，把花朵和叶子重叠起来，除非把图案都剪下来，贴在卡片上。而遮蔽纸片相对容易制作和裁剪，就比如在这张卡片中，你可以随意安排图案的位置，更可以完全做出一幅全新的图案。使用黑色墨水将玫瑰图案印在奶油色卡纸上，再用黄色、绿色和橘色彩铅填色。图案上的小点指示出图案的深色和阴影部分。奶油色卡纸下叠加了一张绿色卡纸，与树叶的绿色相呼应。右下角的淡黄色醋酸纸使整个画面更柔和。

轮廓裁剪

重要提示

在卡纸上做标记线时（见第2~4步），使用笔头锋利而硬的铅笔，例如2H铅笔。软铅笔的笔迹可能会被弄花，颜色也更深一些。你还需要一个不会擦花笔迹的优质橡皮擦。

使用剪切手法，不管是特殊场合卡片还是造型卡片，立即就能让原本平淡无奇的设计化腐朽为神奇。应该选择那些轮廓较为简单的印章，剪起来更容易。

教程里这张卡片中的泰迪熊皮毛轮廓非常难剪，于是在图案外圈画了一条简易的轮廓线。这种卡片很适合当作生日贺卡或生日会邀请卡，可能还适合给双胞胎呢！也可以把蓝色换成更适合女孩的粉色。这种卡片应该配一个装饰华丽的信封。

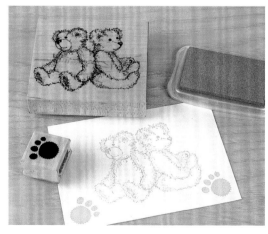

1 剪下一张 10.5cm×14.8cm 或 A6 尺寸的白色卡纸。用蓝色印台将泰迪熊印在卡纸中央，将爪子印在下方的左右两个角落。

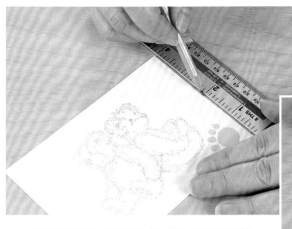

3 用尺子连接两个点，画线时尽可能轻，避开泰迪熊图案。

2 在卡纸的短边上标记出中点。借助尺子和硬铅笔，做一个小标记。在另一边重复上述步骤。

4 以中点线和泰迪熊交界处为起点，沿着泰迪熊的轮廓轻轻地画一条简易轮廓线，离图案3~4mm远。注意线条不要太过弯曲，否则很难裁剪。

5 将卡纸放在切割垫上。用美工刀沿泰迪熊的轮廓进行切割。切割时尽量保持流畅。切割完成后用橡皮擦擦掉所有铅笔痕迹。

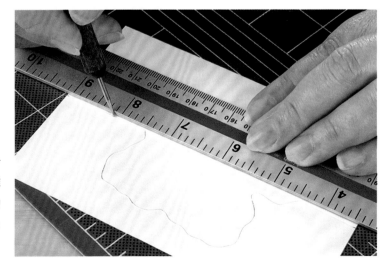

6 将卡纸翻面，像步骤2一样在背面画出中线。用浮雕笔圆头的一端沿着泰迪熊两端的中线刻下折痕。以切割的轮廓为标准，找到刻痕的起点。

7 用一支湿画笔从蓝色印台上蘸一些墨水。在泰迪熊的胳膊、腿和头部的轮廓边缘画上阴影，让它看起来更立体。

重要提示

使用印台的墨水，可以帮助你做出完美的印章图案。从印台上取色时，不要从中间取，而是从边缘取，并且永远不要用蘸了水的画笔在印台上取色，这可能会导致印台的墨水被稀释，之后盖印的效果也会打折扣。

8 在将卡片对折之前，要确保已经完全沿着泰迪熊的轮廓剪掉了其他多余部分。然后沿着中线对折卡片。用蓝色中性笔在泰迪熊的两侧沿着折痕画一条针脚线。配上一个有装饰纹样的信封：四周有针脚线、角落印有爪子图案。

9 拿一段丝带系成蝴蝶结。用强力 PVA 胶把一枚蓝色小纽扣粘在蝴蝶结中间的结上。使用木签，可以更精确地上胶。再使用同一根木签和胶，把蝴蝶结粘在两只泰迪熊的中间，再把两颗小纽扣分别粘在针脚线的末尾处。

聪明的印章玩家这样做
轮廓裁剪

· 经常更换美工刀的刀片，保持刀片锋利。

· 试着去弄明白要剪切卡片，需要的力度是多大。如果你太用力，可能会切到切割垫里去，事倍功半，损坏物品。

· 不使用美工刀时，如果你的刀片不能伸缩，把刀片插进软木塞中，既可保证安全，又能保护刀片。

更多创意

爱之花

这张卡片仅使用了一张白色卡纸，与教程中的材料差不多。但这里为了体现花束的形状，花朵和蝴蝶图案采用了素描的手法，并且使用了多色染料印台。印台墨水和彩铅被用于为图案上色，以及在空白区域涂色。图案的外部轮廓也用彩铅加重了。卡纸的上面半掩着一张撕下来的醋酸纸，使整个画面更为柔和。最后，皱褶丝带系着的金属心形吊牌使造型更完整。

万圣节的幽灵

白色对折卡片封面的中间印有幽灵图案，而封面右边的部分从最上到最下边都被裁剪了。幽灵图案的填色使用了灰色和黑色彩铅，之后便将卡片对折，打开卡片时感觉就像拉开手风琴一样。卡片里边的蝙蝠是直接印上去的，但封面上的则是先在另一张卡纸上印好，剪下来，再用泡沫胶贴上去的。南瓜也是单独盖印、裁剪和粘贴的，是这只鬼混的"悠悠球"，而悠悠球的线就是用黑色笔画的。幽灵和蝙蝠周围是用海绵上色的灰色云朵。卡片里面使用了黑色和橘色丝带作为装饰，幽灵、蝙蝠和南瓜上还有亮晶晶的闪粉，以突显某些细节。

兔子盆栽

这是一款万能印章，因为你可以采用整个画面，每个小兔子也可以分开。这张复活节风格的卡片上，兔子图案印在了奶油色卡片的中间位置，剪切的方式和教程里介绍的差不多。彩铅填色给小兔子图案带来了生机。上面的鸡蛋是打孔器裁出来的。卡片底部的绿色背景纸可作为底部的镶边，上面还可以放几只小兔子，让整个画面妙趣横生。

3D 拼贴

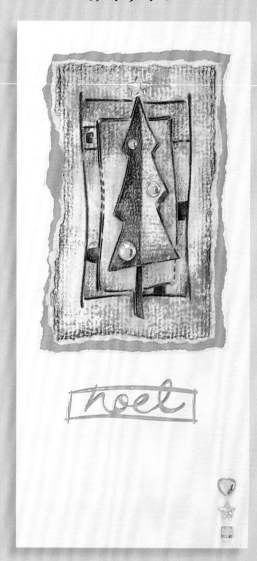

你需要

白色卡纸

金色薄卡纸

白色对折卡片，规格：18cm × 18.5cm

ColorBox Fluid Chalk™青柠色和橄榄色粉彩印台

带边框的树木图案的印章

两种绿色的软彩铅

"noel"（圣诞节）字样的贴纸

浅绿色可粘贴亚克力宝石

重要提示

这种"直接在纸上操作"的技巧（如下图）根据纸张质地、印压时的力度大小和印台使用种类的不同可以产生许多不同的效果。

和传统拼贴相同，3D 拼贴包含了裁剪和贴图，但 3D 拼贴注重一幅图中元素的叠加，打造立体的三维效果。这种技法特别适合处理重叠的图案，增强空间感。

这个树的图案可以很容易地分解成两层，每一层采用不同的元素。卡片上的可粘贴宝石增加了画面立体感，也营造了节日的氛围。

1 将青柠色印台直接点印在一张大的白色卡纸上。印出来的效果视印压的力度大小而定。不要想着用印台把整张纸都涂满，在某些地方颜色要淡一点儿或留白。

2 用橄榄色粉彩印台重复上一步骤。
因为这个颜色比上一个深得多，
所以不需要那么多墨水。点印时可以印
得稀疏一点儿，不然就无法看到之前印
上去的淡绿色了。

3 使用橄榄绿粉彩印台，在纸上印
下三棵树。这时图案的颜色可能
非常淡，但这就是我们要的效果——如
果图案轮廓颜色太深，那么下一步用彩
铅上色就会变得十分困难。

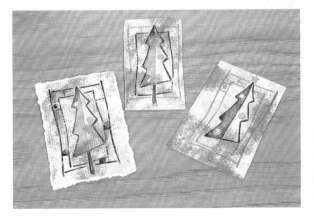

4 观察三个图案，选一个作为底层
图案，选一个放在第二层，最后
一个放在最顶层。要记住它们的顺序。
底层图案要使用两种绿色，浅绿色用来
填充，深绿色用来勾画轮廓。这样做的
目的是突出图案，而不是把它填满。

5 用两支绿色彩铅给另外两层图案上色。对于
第二层的图案来说，主要给边框里面的线条、
树的周围以及树的边缘上色。对于最顶层的图案来
说，去掉树干。用手撕掉最底层卡纸的边缘，留下
基本图案，撕的时候方向要朝向自己，最后剪去另
外两张卡纸上多余的部分。

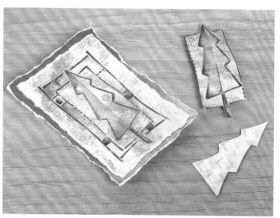

6 把最底层的卡纸用喷胶粘在一张稍大一些的金色薄卡纸上。撕掉边缘，留下一条窄窄的边框，并且撕的时候要朝向自己，这样就能在纸上撕出一道白边。撕出来的四条边同样可以是不规则的，这更加突出了卡片的风格。

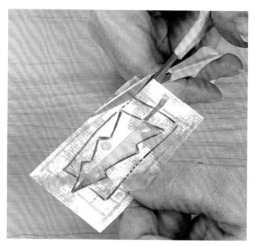

8 把底层的卡纸粘贴到白色对折卡片上，再用泡沫胶把第二层和最上层的图案依次粘贴到卡片上。应使用小块的泡沫胶分散地贴在卡纸下，而不是大块泡沫胶。但如果只沿着轮廓贴，中间的部分可能会凹陷，所以应该把泡沫胶均匀地贴在卡纸背面。

9 把"noel"字样的贴纸粘贴在卡面上树的下方。拿一把美工刀，把亚克力宝石贴在树上和卡片的右下角。

7 沿着第二层的卡纸上树木的边框剪下图案。沿着最顶层卡纸上树木本身的轮廓剪下图案，不要剪树干，用锋利的小剪刀仔细地沿着边框和树的轮廓剪，避免影响到后续的叠加工作。

聪明的印章玩家这样做

3D拼贴

·使用锋利的小剪刀。直线型或弯曲的指甲剪非常合适。

·使用不同厚度的泡沫胶来制造不同程度的深浅层次感。

·硅胶可以是泡沫胶的替代品，但硅胶更重，更难操作。

·为了做好叠加效果，你可以先在草稿纸上印几个图案，把需要的区域剪下来，看这几个图案是否搭配。

更多创意

双生雏菊

为了制造3D效果，花朵和花朵的边框是两层凸起的不同平面。首先要在卡纸上印下三个花朵图案，再用紫色和杏色的粉笔上色。第一张图案带边缘，位于底层，第二张图案是沿着边框剪下的，而第三层图案只需要把花朵剪下。将三片卡纸叠加，用泡沫胶固定。淡紫色的背景卡纸和橘色的对折卡片呼应了中间图案的配色。

拼贴爱心

首先要用教程中说到的"直接在纸上操作"的方法，使用粉色和深红色粉笔印台给卡纸填色，再在上面印下三个爱心图案。图案由多个方格和爱心组成，爱心可以裁剪出来，用泡沫胶固定使其凸起于卡面。其他散落的小爱心可以用打孔器做。粉色背景卡纸上印有花朵图案。为了进一步点缀画面，用醋酸纸条绕过卡片的封面，并用白色孔眼造型的贴纸固定。

波点花瓶

为了便于安排花朵和花瓶的图案，这里使用了透明印章进行盖印。首先在背景卡纸上使用白色印台和色粉盖印下花瓶和茎秆，并做浮雕处理。之后又将这两个图案盖印在其他卡纸上，沿轮廓剪下，并用泡沫胶粘在背景卡纸上。然后在黄色卡纸上盖印两朵花，做出浮雕效果后剪下来，用泡沫胶粘在花瓶和茎秆上。用打孔器做出几朵小花点缀在两朵大花周围。再用一张和紫色背景纸同系列的卡纸垫在背景卡纸下面，最后在紫色背景纸上用黑色笔画下精致的针脚线。

醋酸纸

重要提示

醋酸纸的表面不具有吸水性，所以必须使用速干墨水，以免出现晕染的情况。

醋酸纸是一种有多种厚度、颜色和花纹的透明纸。薄一点儿的醋酸纸很适合叠加在卡片上，使画面看起来更柔和。而对厚一点儿的醋酸纸来说，如果在上面盖印，想要制造冰霜的质感，墨水的颜色会改变。这种技术被称为干浮雕法，本节教程就用到了这种方法。

这张有漂亮的裙子花纹的卡片正好适合当作女孩的生日卡。对醋酸纸采用了干浮雕处理办法，制造出冰霜触感，玻璃珠和花朵造型孔眼更为卡片增添了质感。

1 使用橘色印台，在醋酸纸上印下三个连衣裙。等待墨水完全风干，你也可以用热喷枪快速烘干墨水。

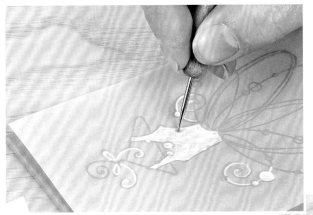

2 剪下其中一件裙子，纸片应为长方形。
这张纸片就是底层的图案了。把纸片
反过来，放在泡沫垫上。使用干浮雕工具
给裙子的上衣和下身弯曲的线条涂色。反
复涂抹，制作出浮雕表面和冰霜状质感。
用力应该均匀，以免穿透醋酸纸。在上衣
上画上小圆点作为装饰。

3 在第二条裙子上重复上一
步骤，但这次只对裙子做
干浮雕处理。使用线条强调裙子
的形状。在第三条裙子上，则只
对裙子最外边两侧的部分做干浮
雕处理。

4 使用锋利的小剪刀，剪下第二条全部做干浮雕处理
的裙子和第三条裙子的最外边两侧。醋酸纸比较脆
弱，所以剪下裙子的时候纸片可能弯曲，但这样正好增
添了三维立体效果。

5 将 PVA 胶水点涂在两张裙子纸片背面的边
缘，先后把完整的裙子和裙子两侧部分贴在
最底层的连衣裙上。不要在纸片的中间涂胶水，这
样裙子就牢牢地粘在上面，变平坦了，也就失去了
立体效果。

6 将海绵头上色工具套在食指上，在印台上点涂取色。蘸取橘色墨水给醋酸纸的边缘上色。不要一次性蘸取过多颜色，试着均匀地一层层上色。

重要提示

如果要快速为主图案做出背景花纹，可以在一张稍微有些花纹的醋酸纸上盖印该图案。

7 将完成的裙子醋酸纸卡片用喷胶粘贴到一张稍大一些的白色卡纸上。只需把胶水喷在裙子卡片的边缘，以免把蓬蓬的裙子压扁。使用打孔器在醋酸纸的四个角上打孔，在每个孔上粘贴心形孔眼贴纸。

试试这个小妙招

可以试试另一种把醋酸纸粘贴在卡片上的方法，就是利用孔眼、角钉或丝带。醋酸纸很容易留下明显折痕，所以要把纸紧紧固定在卡纸上。

聪明的印章玩家这样做

醋酸纸

· 醋酸纸非常适合叠加在图案上，营造画面多层次、柔和的感觉。

· 在醋酸纸印压的时候，力道要比平时小一点儿，因为醋酸纸表面很光滑，力度太大的话容易打滑。

· 如果你想做出干浮雕效果，始终选择厚实的醋酸纸，这样不容易把纸戳穿。

8 使用喷胶把白色卡纸贴在橘色珠光对折卡片的中间位置。用木签蘸取 PVA 胶，把橘色玻璃珠固定在裙子的白色圆点上。

更多创意

粉色天使

在这张具有宗教意味的卡片上，一张用粉色粉彩印台上色的卡纸上印着用同样颜色上色的天使图案。取色方式是用一支湿画笔从印台上取色。然后在一张粉色醋酸纸上印下第二个天使，把醋酸纸直接覆盖在第一个天使上，让色彩更柔和。固定醋酸纸的是四颗金色角钉，天使图案上还点涂了 Liquid Pearl™珠光漆，起到强调作用。最后加上一条飘扬的蝴蝶结丝带，完成了整个卡片的造型。

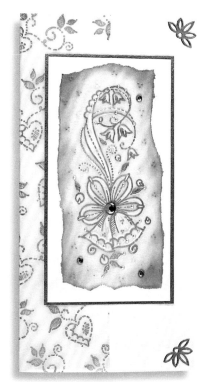

婚礼钟声

醋酸纸是制作婚礼卡片的完美材料——它可以模仿婚礼主题会采用的名贵丝绸或欧根纱面料的质地。卡片上的铃铛、丝带和花朵图案都采用了干浮雕处理，醋酸纸的边缘也被撕裂成不平整的样子。主图案背后的背景处，还用干浮雕法点上了小圆点作为花边。同时这一圈背景还用海绵上了色，点缀以宝石。最底层的对折卡片上铺上了一层醋酸纸，醋酸纸也是对折的，包裹住了整张卡片，并使用了和封面右上角和右下角的花纹相配的贴纸将醋酸纸在背面固定。

宝贝你好

有印花的醋酸纸最近越来越受欢迎。这张卡片使用了白色碎花醋酸纸作为背景层——白色碎花在蓝色卡片的衬托下显得非常清晰。醋酸纸的面积要比下面的对折卡片稍小一点儿，被四个角落上的角钉固定在卡面上。中间的婴儿车图案采用了干浮雕处理，然后用贝壳边四方形的打孔器将图案裁下，粘贴在白色卡纸上。婴儿车上和贝壳边四方形的四个角落都点缀着液体珠光漆。最后在左边系上一条漂亮的丝带，造型完成。

珠光效果

你需要

黑色卡纸

金色卡纸

珠光蔓越莓色对折卡片，规格：14.5cm×14.5cm

百合图案的印章

VersaMark™或Perfect Medium™印台

Perfect Perals™珠光粉：粉红色、铁锈色、猕猴桃色、向日葵色带亮片、蓝绿色

带纹路的海绵头上色工具

角钉造型、汉字图样和金色竹子造型的贴纸

VersaMark™画笔

重要提示

在盖印之前就要准备好珠光粉和画笔——虽然印台不是快干型的，但最好在盖印后不久就上好珠光粉。

将珠光粉撒在用黏性透明印台印下的图案上，珠光粉粘在图案上后，可以形成一种柔和的光泽。虽说印章的种类没有限制，但珠光效果最好的是轮廓较粗的实心图案的印章。如果是空心的图案，最好将珠光粉和水混合做成颜料。

珠光粉给这张黑色卡片上具有东方风情的百合花带来了画笔的触感。金色的边框、汉字和竹子造型的花边和卡片的主题以及造型方法搭配一致。

1 剪下一张 13.5cm×8cm 的黑色卡纸。将印章在透明印台上压印，小心地上色。检查印模是否充分上色——由于是透明印台，所以很容易忽略掉没上好色的地方。

2 将百合花印在黑色卡纸的中间位置。

3 在卡纸上垫上草稿纸，然后用画笔给百合花上色，每次蘸取一种颜色的粉——粉色和铁锈色填满花瓣、猕猴桃色填满叶子、带亮片的向日葵色作为高光色。采用点按的方式小心地上色，而不是直接涂抹，否则会把粉弄得到处都是，弄脏画面。以这种轻柔的手法填满整个图案。

4 填满整个图案后，开始清扫余粉。拿一支大画笔，从内向外，一次性清扫一个颜色。时不时地把画笔沾上的余粉抖掉。在清扫余粉的过程中，百合的轮廓会变得慢慢清晰起来。

5 使用带纹路的海绵头上色工具，从透明印台上取色，再压印到百合周围的空白处。注意不要碰到花朵的表面，因为这样可能会沾走上面的一些粉末。

6 用第3步和第4步的方法，把蓝绿色珠光粉上在海绵头上色的位置，再用画笔扫走余粉。清扫过程中不要把余粉扫到花朵上，这样可能会破坏之前上好色的图案。

试试这个小妙招

可以把Perfect Pearls™珍珠粉加到透明浮雕粉中，混合出珠光色的浮雕粉。还可以把珠光粉混合进自干型黏土中，让它有珠光色泽。

7 把这张黑色卡纸粘贴在比它稍大一点儿的金色卡纸上。在黑色卡纸的四个角落贴上角钉造型的贴纸，在右下角贴上汉字贴纸。用美工刀拿取贴纸，精确地放置在你想要的位置上。

重要提示

和Perfect Pearls™珠光粉相似的产品也可以在市场上买到。使用这些产品前，仔细阅读说明书，看产品能否用在这里介绍的方法中。

8 撕下一张竹子造型的贴纸，贴在珠光蔓越莓色对折卡片的右手边。用剪刀减去多出来的部分。

9 用VersaMark™画笔给竹子填色。由于使用的是透明印台，上色时你需要做到心中有数、有条不紊。把带亮片的向日葵色珠光粉上在竹子上，使用第3、4步的方法扫去余粉。用喷胶把向日葵卡纸粘贴到对折卡片的左手边。

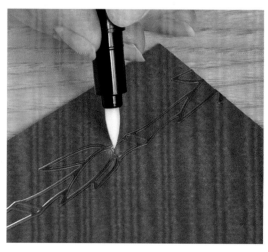

更多创意

金灿灿的梨

这里使用了Perfect Pearls™珠光粉给梨和背景的蜻蜓花纹上色。在黑色卡纸上用Perfect Medium™透明印台印下梨的图案，再上珠光粉。小小的钻石形和圆形立体效果贴纸给画面增色不少。粉色的背景卡纸上也采用了同样的步骤，但珠光粉和浅色纸搭配，产生的效果和深色纸不同。珠光色对折卡片呼应了画面的珠光配色。最后将完成制作的黑色卡纸连同粉色卡纸粘贴在蓝色对折卡片上，卡片的蓝色照应了梨上的蓝色珠光粉。

华丽的树

卡纸上连着盖印了三棵造型简单的树，用Perfect Pearls™珠光粉给树上色，打造三色按水平方向渐变的效果，再在树上点缀立体效果的贴纸。最先盖印的是中间的树，因为这样才容易把握中间的树与另外两棵之间的距离。树的造型完成以后，可用教程中提到的带纹理的海绵头上色工具在树的下方做出一片珠光色地面。然后把卡纸的边缘撕掉，在一圈撕裂处也用珠光粉处理，然后将它粘贴在金色卡纸上。金色卡纸的边缘也要撕掉，形成一圈不规则的白色边线。这一配色方案不同于以往圣诞主题传统的红配绿，给圣诞卡片的制作提供了一个新思路。

花朵标签

使用透明浮雕粉，在黑色卡纸上给花朵做出浮雕效果。再用Perfect Pearls™珠光粉混合水做成颜料，给图案填色。通过在浮雕轮廓线的两边都上色，画面更具活力。再用标签形打孔器在卡纸上打出三张标签形卡片。这里使用了日本纸绳和串珠作为标签的装饰物——纸绳很容易弯曲，所以可以把它穿进卡片。亮片和珠光是好搭档，所以这张卡片也使用了亮片来提亮花朵图案。

拼贴画

拼贴画（collage）是一个法语词，字面意思是组装和拼贴。各种物品或图画都能按照一定的构图组合在一起，产生赏心悦目的画面。有了印章，可以把许多图案组成拼贴画。同一个印章可以创造出许多个不同的拼贴画，因为可以用不同的上色、摆放和裁剪方式。

这张时髦的卡片可以用于许多场合，例如退休纪念、乔迁或特别的节日——通过上色或造型的改变，可以在卡片上组合一系列元素。水洗工艺是填充画面空白部分的一种简单实用的方法。

重要提示

在亚麻或其他带有一点儿纹路的卡纸上盖印时，稍微多用点儿力，以保证能在不平整的表面完整地盖印，没有遗漏。

1 用紫红色印台将法国女人图案印在一张奶油色亚麻卡纸上。

2 用一支湿画笔在图案的轮廓处进行晕染，同时用画笔在实心处稀释颜色，让人能看清亚麻纸的纹路。不过要把握好下笔的力度，如果画得太多，图案的颜色就看不见了；如果画得太少，那么做出来的水洗效果会出现结块。卡纸风干后，沿着图案的边缘将图案裁剪下来。

3 用紫色印台把"bon voyage"字样的背景图案印台印在另一张奶油色亚麻卡纸上。重复步骤2的方法，给"bon voyage"几个字做出水洗效果。

4 等完全风干后，再用黑色笔加重"bon voyage"。如果卡纸干得很慢，可以用热喷枪加热。如果在水渍还没干的时候就用黑色笔上色，黑墨水很可能会在纸上晕开。

5 标签形打孔器反面朝上，放入"bon voyage"卡纸。调整纸的位置，让"bon voyage"字样位于标签中央，然后裁出标签形状。用打孔器在标签顶部打一个孔。

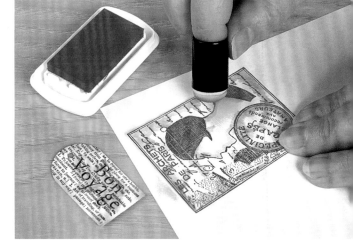

6 把法国女人卡纸和标签放在草稿纸上。用海绵头上色工具从橘色印台取色，轻轻在两张图画上点涂。要在标签的边缘点涂，而法国女人的卡片则要在空白处点涂。

7 使用黑色印台，将手稿纹样的印章盖印在一张浅粉色醋酸纸上。等墨水风干后，撕掉醋酸纸的边缘。

8 在标签顶部的孔上装上一个孔眼，然后用一条细绳穿过孔眼。把其他的物品都集合到一起，包括纽扣，把它们在奶油色对折卡片上摆好。找到最佳的摆放方式后，在空白处盖上"par avion"和邮戳图案，分别使用紫红色和黑色的印台。在"par avion"上做出水洗效果。

9 把孔眼装在醋酸纸两个对角，将其固定在对折卡片上。再用喷胶把主图案贴在醋酸纸上。用泡沫胶粘贴标签，使其凸起于卡面。用 PVA 胶粘贴纽扣。

重要提示

撕醋酸纸的时候要小心，因为很容易一个不小心就朝一个方向撕到底了。不过要的就是这种随意的效果，所以万一意外发生了，不妨把它当成一个惊喜！

聪明的印章玩家这样做

拼贴画

· 先选择一个主题或者配色，这样收集物品和拼贴会容易些。

· 选择大小、质地和纹路各不相同的物品。时时留心寻找适合拼贴的有趣的东西，例如纽扣、盖戳的邮票、照片和标签。

· 可以让有些物品凸起于卡面，塑造空间感。

· 可以复印或扫描一些你无法裁剪下来的珍贵物品。手工商店就出售很多复古造型的拼贴材料。你也可以用茶或咖啡做出有年代感的纸。

· 印章通常都是一系列的，这就是说你可以从一个系列中选择风格搭配的几个印章进行创作。

· 在正式拼贴之前，可以多试试几个摆放的造型。

更多创意

粉色世界

这张卡片给我们展示了更整齐的拼贴画造型。白色对折卡片上印满了安全别针的图案，其他所有元素都四四方方地排列着。婴儿手掌印和旁边一竖列的图案决定了整个画面方正的摆放方式。下方的奶瓶和塑料片证明了剪贴本的装饰物也可以用来装饰卡片。这个卡片可以根据某个小宝宝量身制作。

东瀛女士

印章玩家们一直都非常喜欢东方主题，所以手工商店里有许多东方主题的印章、背景纸和装饰物。卡片中的东瀛女士位于正中央，上面和下面分别挂着同一个印章制作的灯和标签。背后紫色的醋酸纸用海绵上过色，然后印上了汉字。东瀛女士背后的背景纸也选择了紫色的，和醋酸纸的颜色相配。串珠和花朵用纸绳固定，让整个造型更添东方风情。

蝴蝶集

这张卡片将蓝色和紫色主题与各种印花纸片结合在了一起。在教程中，所有物品都经过了盖印，填色，裁剪或撕掉边缘的程序，再一块被拼贴到对折卡片上。而这张卡片有三个层次——第一层，直接在对折卡片上盖印，用海绵填色；第二层，将物品直接贴在卡片上，例如醋酸纸、蝴蝶塑料片和撕去边缘的纸片，以及第三层，用泡沫胶固定物品使其凸起于纸面，例如雏菊标签、蝴蝶纸片和迷你蝴蝶造型金属片。

丝绒纸

丝绒纸的质感十分像真正的天鹅绒。你可以直接在丝绒纸上盖印、做浮雕，或者用熨斗加热印章，通过高温和压力在绒面留下图案，这被称为干印法。

这张卡片上奢华的画面是通过用金色金属箔粉末制作浮雕效果而做成的，因为金属箔粉末非常容易吸附在绒面上。金线缠绕着卡片，围成边框，让造型多出一些优雅。

1　用透明印台将花朵图案印在一张 10.5cm×4.5cm 的紫色丝绒纸上。有力而均匀地印压，在绒面上印出完好的图案。将金色金属箔浮雕粉覆盖在图案上。

重要提示

在丝绒纸上盖印时，应该选择线条简单的图案。如果线条太细，浮雕粉可能无法粘在上面。

2 轻轻把余粉抖掉。粉末容易粘在丝绒纸上，所以你应该朝纸背面拍几下，把多余粉末拍掉，也可以轻轻把粉末吹走。将多余的粉末倒回容器。

3 如果纸上还有余粉，拿一支画笔把粉末扫走。去除余粉需要一点儿时间和耐心，但为了达到好的最终效果，这点努力是值得的。

4 加热熨斗。决定好在花朵的哪一部分使用干印法。将丝绒纸翻一面。把使用干印法的第一块区域放在印章的印模上，用熨斗的尖头加热丝绒纸的背面。在其他区域重复这一过程。注意不要碰到浮雕花朵。

重要提示

使用熨斗之前，确保蒸汽盒里没有水。熨斗的温度不会损害橡皮印模。

5 使用喷胶把丝绒纸贴在一张稍大一点儿的金色卡纸上。用西北角打孔器在卡片的四个角上各打两个凹槽。

6 用一小块胶带把金线的一端固定在金色卡纸的背面，凹槽的附近。用金线绕过卡片表面，将其卡进凹槽里。在卡片的四边都以这种方式绕上金线，每条金线的两端都要卡进凹槽里。

7 金线的起点和终点应该在同一位置。用一小片胶带在背面固定住线的两头。剪掉多余线头，这样把卡纸粘在对折卡片上时才不会出现线头。

试试这个小妙招

有一个更快速的方法，就是用Brilliance™珠光印台将图案印在丝绒纸上，然后用彩铅或刷头马克笔填色。

9 用泡沫胶把花朵丝绒纸粘在卡面上。将一段丝带绕住卡片左边，打一个蝴蝶结。

8 剪一张16cm×8.5cm的淡紫色丝绒纸。用同样的花朵印章，根据第4步的干印法，在整张丝绒纸上印下图案。把这张纸贴在金色对折卡片的中间位置。因为丝绒纸比较重，所以要用黏性较强的胶水，例如喷胶或双面胶带。

更多创意

闪烁的花束

　　与教程一样，这张卡片上的花束是用透明印台盖印的，但浮雕方面用的是银色闪粉。与丝绒纸颜色相衬的彩铅被用于给图案增添细节和阴影。虽然丝绒纸的表面有纹路，但相对较为光滑平整，所以能够保留彩铅的颜色。印有花束的丝绒纸被粘贴在一张正方形卡纸上，为了使画面看起来均衡，右边贴上了一竖列用打孔器从丝绒纸上裁下来的小花，花心贴上了宝石，使造型更为丰富。

圣诞节耶稣诞生

　　这幅彩色玻璃图案线条简单，特别适合在丝绒纸上盖印和做浮雕。卡片使用了和教程中一样的浮雕粉和印台。图案印好并且做好浮雕处理后，使用毛边剪刀对丝绒纸进行裁剪。然后将丝绒纸贴在四条边被撕掉的金色卡纸上，在卡纸四个角装上金色孔眼，增加装饰细节。底层的卡片上贴了一层圣诞主题印花纸。打孔器做成的金色星星纸片也放置在底层卡片上，用来点亮整个画面。

小小紫裙

　　连衣裙的盖印和浮雕方式和教程中一样，还使用了彩铅增添图案细节和阴影，使图案具有了立体感。图案自身也带有圆点和圆圈，所以可以在上面贴上紫色宝石。连衣裙周围的空白部分里用白色铅笔画出了格纹状的线条。将做好的连衣裙卡纸粘贴在一层金色及一层深紫色丝绒纸上，右边系上一条透明丝带，凸显卡片所代表的优雅气质。

热缩片

你需要

白色磨砂热缩片

红色卡纸

白色对折卡片，规格：20cm×8cm

印花纸

Brilliance™绿色印台

圣诞主题图案的印章

1/4英寸打孔器

海绵头上色工具

滑石粉

木块

金色油漆笔

1/16英寸打孔器

26号金丝（直径约为0.41mm）

切纸机

金色心形挂件

看着热缩片一点点扭曲变小，真是乐趣无穷，你最后得到的是一个奇妙的被缩小的图案。这种工艺稍微有点儿挑战性，因为你无法预测热缩片会怎么变化，而且它表面很光滑，盖印的时候手必须要稳。

这张卡片结合了传统的圣诞节配色和现代的热缩片元素。背景图案使用了海绵填色，既方便快捷，又能让画面更柔美。

1 用绿色印台把圣诞图案印在一张比图案稍大的热缩片的磨砂面上。盖印时要小心，避免用力过猛。等待图案风干。你可以用热喷枪加速风干时间，但不要离热缩片太近，否则它就会收缩！

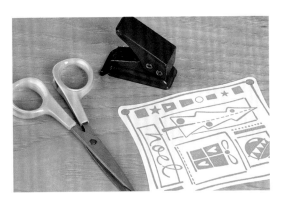

2 剪下图案，在图案周围留一条窄边。如果边缘不平整最好，因为热缩片有时经过加热后会变形。用1/4英寸打孔器在每个角落打一个孔。

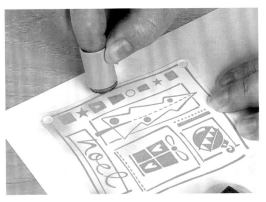

3 把热缩片置于草稿纸上。用海绵头上色工具蘸取绿色墨水印压在热缩片的表面。可以试试压出深浅不一的色块，也不要全部填满，有一些留白，这样你的作品才更有趣。

4 将热缩片翻面，在背后倒上极少量的滑石粉。滑石粉可以防止热缩片受热收缩时边缘粘连。

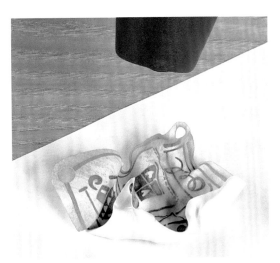

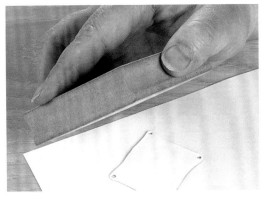

重要提示

始终要在加热前就给热缩片打孔，而且孔要比平时大，因为加热过后的热缩片会变得又厚又易碎，而且打过的孔也会随之缩小。

5 用热喷枪对热缩片进行加热。热喷枪离热缩片大概2.5cm的距离，加热时要时不时晃动热喷枪，使热缩片表面均匀受热。热缩片会扭曲收缩，这很正常。继续加热，直到热缩片不再扭曲，变得平整。你可能还需要从背后加热热缩片。你也可以把热缩片放进铺好锡纸的烤盘里，根据厂家说明书的指示用烤箱加热热缩片。

6 为了使热缩片完全平整，用一个干净的木块将热塑片放在一个干净的台面上压平。这时要确保热缩片还有温度和弹性。如果热缩片仍然是蜷缩的，不要进行这一步。

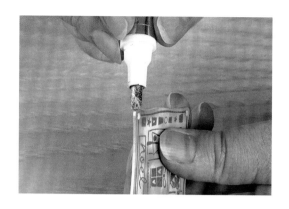

7 把热缩片拿在手里，用金色油漆笔沿着侧边涂抹一边。这种笔的笔头像凿子一样，所以很容易在侧边上色。虽然几乎看不见，但这条金色的边起到了整理的作用，就像是这幅热缩片的边框一样。

重要提示

如果你想要知道热缩片到底会缩小多少面积，不妨剪下一条热缩片，在上面画一条线，标记好长度。加热热缩片，将缩小后的线条和原来的线条比一比。

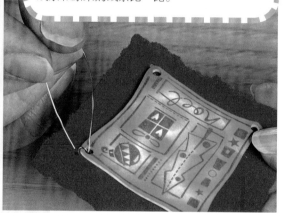

8 剪下一张约 6cm 见方的正方形红色卡纸。用双面胶将热缩片粘在卡纸的中间。用 1/16 英寸的打孔器在红色卡纸上、热缩片四个孔对着的位置打四个孔，打孔时注意不要损伤热缩片。再在红色卡纸上、热缩片四个孔正对面的位置分别打四个孔。用金属丝在每个角绕着两个相对的孔打几圈，然后把金属丝两端都绕到纸的背后，抚平，用于固定。

试试这个小妙招

设计其他卡片时，也可以仿照本例，将花纹纸固定在卡面上作为装饰性背景图案。这张纸要非常轻薄，否则就会由于卡片对折而产生明显的折痕。

聪明的印章玩家这样做
热缩片

· 用永久性印台或带有加热一次后就变成永久性的墨水的印章。Brilliance™、ColorBox Fluid Chalks™、Fabrico™和StazOn™等品牌都是不错的选择。

· 记住，随着热缩片被加热然后收缩，上面的颜色会随之加深。

· 铅笔、粉笔和亚克力颜料都可以用来给热缩片上色。

· 用烤箱加热热缩片的方法更适合用在大块的热缩片上面，因为烤箱加热的范围更广。

· 在仍然很热、很有弹性的时候，热缩片可以被塑造成各种形状，但注意不要烫伤自己的手指。

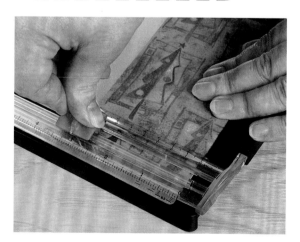

9 用泡沫胶把花朵丝绒纸粘在卡面上。将一段丝带绕住卡片左边，打一个蝴蝶结。

更多创意

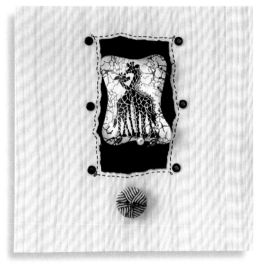

两只长颈鹿

　　现在你可以看到之前用过的长颈鹿图案放在热缩片上会出现什么不同效果了。奶油色的热缩片和用来盖印长颈鹿的奶油色、棕色和黑色墨水搭配合适。加热之前，在热缩片下边打几个孔。加热之后，用棕色印台给热缩片的侧边上色。再用金属丝穿着串珠穿过这几个孔。在中间的卡纸四周用笔画上针脚线，最后再钉上孔眼和一颗纽扣。

青蛙花园

　　用黑色印台将青蛙图案印在热缩片上，风干之后再用彩铅上色。完成之后，剪下图案，在上、左、右留下一条窄边，下方留出的边稍微宽一点儿，用于打孔。然后加热热缩片，借此加深图案颜色。准备好第二张一样的青蛙图案热缩片，从上面剪下三个标签，在顶部打好孔，再加热。用蓝色金属丝将三个标签挂在第一张热缩片的下方，再贴上马赛克纹塑料片作为背景装饰。

蜻蜓天堂

　　这张卡片上，背景和热缩片使用了同样的印章图案。虽然使用了同样的多色印章，热缩片上的颜色在热缩过程中变深了，这就使得热缩片更加显眼。加热之前，在标签形热缩片上印下了两只一模一样但大小不同的蜻蜓，并且使用了对比强烈的黑色墨水。用打孔器从颜色相衬的粉色珠光卡纸上剪下来的花朵丰富了卡片的细节。

金属箔

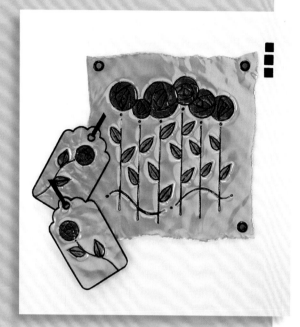

你需要

轻薄型绿色金属箔

白色亚麻对折卡片，规格：14.5cm×14.5cm

StazOn™乌黑色印台

玫瑰园和单支玫瑰图案的印章

泡沫垫

双头干浮雕工具

深粉色和绿色投影机记号笔

黑色标签轮廓、孔眼、线条、正方形造型贴纸

1/8英寸任意定位打孔器

4枚黑色1/8英寸孔眼

孔眼垫、调节器和锤子

由于金属箔的表面不吸水，所以在金属箔上盖印时，需要使用永久性印台，例如本节教程中使用的StazOn™印台，并且金属箔光滑的表面需要一定的盖印技巧，要控制好力度。印台接触金属箔表面后，任何滑动都会弄花图案，所以力度一定要轻。投影机记号笔非常适合用在金属箔上，它也是永久性的，而且墨水是透明的，可以透出金属箔的光泽。

这张具有现代艺术风格的卡片借鉴了苏格兰建筑师、设计师、画家查尔斯·雷尼·麦金托什（Charles Rennie Mackintosh）的作品风格和教堂彩色玻璃的外形。卡片上玫瑰图案的宝石色与金属箔的颜色产生了鲜明对比。

1　使用黑色印台，在一张方形、比图案面积稍大的金属箔上盖印下玫瑰园图案，方便将来撕掉边缘。在两张比标签轮廓贴纸稍大的金属箔上各印下单支玫瑰图案。盖印后 3~5 分钟，墨水会风干，但你仍可用热喷枪让墨水干得更快。

2 把金属箔放在泡沫垫上，用干浮雕工具的球
状笔头直接在金属箔表面刻画。沿着花朵和
树叶画虚线。这一过程中要确保虚线在轮廓外侧，
而不是直接画在轮廓上。这一步是为了突出图案。

3 使用尺子和干浮雕笔，沿着花的茎秆画虚线。

重要提示

在金属箔表面刻画连续的线条时，金
属箔有时会卷曲，或者用笔往前推的时候
起皱痕，所以画虚线可以解决画线不流畅
甚至划破等问题。

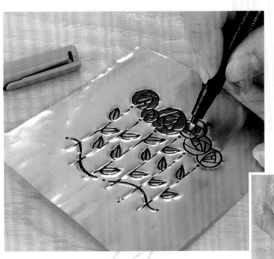

4 用投影机记号笔为花朵填色，从中心画起，再到四
周，这样能最大程度地避免把金属箔压皱。由于金
属箔非常软，用记号笔填色时会使表面下沉，这样更能
加强效果。

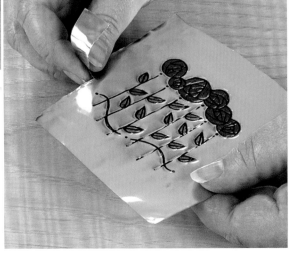

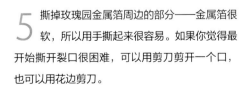

5 撕掉玫瑰园金属箔周边的部分——金属箔很
软，所以用手撕起来很容易。如果你觉得最
开始撕开裂口很困难，可以用剪刀剪开一个口，
也可以用花边剪刀。

6 揭下一张标签轮廓贴纸，先在单支玫瑰的上方比画，找到合适的区域后贴在金属箔上。用同样的方法将贴纸贴在另一张单只玫瑰的金属箔上。

试试这个小妙招

为了使构图更有创意，可以在金属箔背面刻画小圆圈，做成像是用锤子锤过的纹路。

7 使用打孔器在两个标签的顶部打孔，并装上孔眼。将两枚标签裁的轮廓剪出来，动作一定要小心，因为金属箔很软，而且上面的颜色很容易被弄花。用步骤2的方法，在标签上画虚线，突出花朵和花叶，再用投影机记号笔填色。用线条造型的贴纸穿过两枚标签的孔眼，打上结。

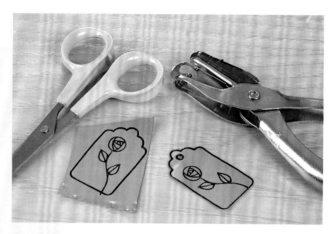

8 将玫瑰园金属箔翻面，在背面的四个角涂上PVA胶。虽然胶水风干需要一点儿时间，但涂上后仍然可调整，胶水黏性很强，可以防止金属箔的边缘翘起。将金属箔小心地贴在白色对折卡片的上方。

聪明的印章玩家这样做

金属箔

·金属箔有不同的厚度，所以买的时候要注意看包装。厚一点儿的金属箔虽然比较硬，但在上面画画可不太容易。轻巧一些的金属箔比较容易打孔、裁剪（不管是直剪刀还是花边剪刀）和撕裂。

·彩色金属箔的颜色越浅，就越容易用本教程的方法进行处理。金色和银色的金属箔是最好上色的。

·记住，选择给金属箔上色的颜色时，透明的投影机记号笔会和金属箔本身的颜色发生"反应"。因此画在金属箔上的颜色可能和笔本身的颜色并不相同。

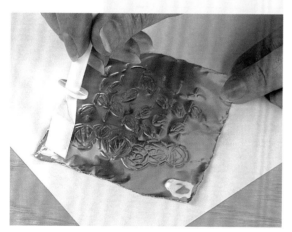

9 用任意定位打孔器在金属箔每个角落各打一个孔，每个都装上孔眼。在卡片的右上角贴三个方形贴纸。用PVA胶将第一张标签贴在玫瑰园金属箔左边和它稍有重叠的位置。再用泡沫胶把第二张标签贴在第一张标签下方，位置也要与它部分重叠。

更多创意

欢庆美利坚

首先，用StazOn™印台将美国星条旗和山姆大叔的帽子图案印在一张金色金属箔上。图案的部分部位使用了教程中介绍的用浮雕笔刻画的强调方式。用红色投影机记号笔给星条旗和帽子上色。在另一张金属箔上，再次盖印星条旗的星星部分，将其中两颗剪下来，留下一圈蓝色作为边框。将国旗和帽子贴在一张长条形卡片上。用一条随意打圈的金线穿上几颗红色串珠作为装饰。

花语

卡片上这枚标签特别适合用金属箔来制作。花朵的图案是中空的，在上面用浮雕笔刻画就非常简单。由于想让金属箔的绿色作为背景色的一部分，并非所有部位都用记号笔填色。同一个图案盖印了两次，为的是能在另一张金属箔上剪下部分图案，用在作品中。打孔器做成的小雏菊也是构图的一部分。花朵和方块造型的孔眼分别被用来安在小雏菊的花心和标签的顶部。而一截彩色金属丝代替了传统的标签绳，系在了标签的孔眼上。

东方挂件

虽然这张卡片中的图案非常大，但将它盖印在金属箔上其实很容易，因为它的线条和图案都比较简洁。这张卡片使用了整个图案，但你也可以把这些小方块分解成不同的几组。记号笔的填色和东方主题配合完美。金属箔足够轻薄，可以轻松地用锯齿花边剪刀裁剪。使用了金属丝将两根木签固定在金属箔的上方和下方，目的是为模拟挂件上下的两根木杆，这样才更像挂件造型。

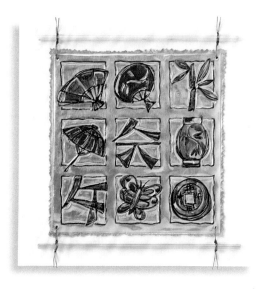

用手滚上色

你需要

两张白色光泽卡纸，规格：9cm×14cm

青柠色卡纸

海草绿色对折卡片，规格：12.5cm×16cm

Kaleidacolor™加勒比海主题多色印台

调墨手滚

橡皮筋

Brilliance™墨黑色印台

鱼和星星/海星图案的印章

使用调墨手滚和多色印台可以快速做出美丽的背景。目前市面上有许多这种"彩虹色"的印台出售，既有颜色浓烈的，也有颜色清淡柔和的，你可以从众多产品中选择适合自己作品主题的。使用手滚和使用油漆滚筒类似——滚筒本身的上色和在表面涂色都要做到均匀。

这张海底世界主题卡片的配色模仿了阳光射进深海中的珊瑚礁的情形。在手滚上缠上橡皮筋的技巧可以完美地制作出海草图案，同样也适合制作草和舞会飘带造型。

重要提示

有些多色印台的颜色之间没有间隙，是一整块印台，那么这些印台应该放置在水平的地方，始终正面朝上。

1 这篇教程中使用的印台是多色染料印台。为避免墨水流动污染其他颜色，不同颜色之间有间隙，各自成为一个独立的小印台。不使用的时候，各个颜色是分开存放的。

2 合上印台上的小机关，把印台上各个
颜色合并在一起。不要忘记使用过后
要把它们分开。如果你忘记了这一步，是无
法盖上印台的盖子的。

3 用一只手把印台固定在桌面上，用手
滚在印台上前后滚动。连续滚动滚筒，
让墨水均匀地分布在滚筒表面。让滚筒在左
右方向小幅滚动，消除色块之间的分界线。

4 将一张草稿纸放在宽阔而平坦的台面上。然后把一
张光泽卡纸铺在草稿纸的中间。在卡纸上前后滚动
手滚，保持方向不变，力度要大，动作要快，持续滚动
直到颜色完全覆盖纸面。你需要多次重复在纸面滚动，
因此也需要多次给手滚上色。

重要提示
如果重叠的颜色并不相配，
那么可以把卡面180度翻转，这样
就可以叠加同样的颜色了。

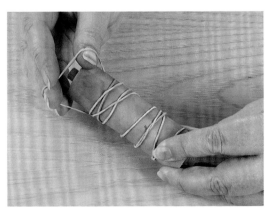

5 如果卡纸比手滚宽，那么重复步骤4。
卡纸最边缘应该涂上手滚最边缘的
颜色，所以侧边会有颜色重合的现象。在
第二张光泽卡重复以上的填色步骤。

6 清洗手滚，将滚筒从手柄上卸下来。在滚筒
上紧紧缠上几个橡皮筋。

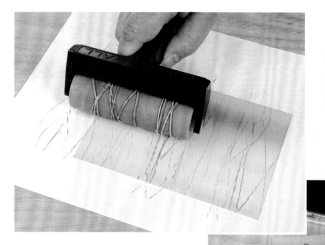

7 用印台给滚筒上的橡皮筋上色。不过滚筒上难免沾上一些墨水，所以上色时尽量不要太用力。用手滚顺着与卡纸上颜色走向相反的方向来回滚动。重复上色后以同样的方式处理第二张卡纸。

8 用黑色印台在第一章卡纸上印下两条鱼，在第二张卡纸上印下两条鱼和几个海星（或星星）。第二张卡纸将作为背景，所以要认真想想鱼的位置。海星应该印在卡纸的边缘。

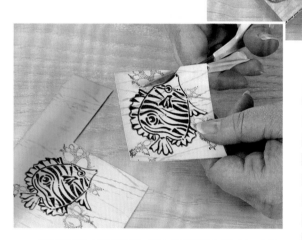

9 使用锋利的小剪刀将第一张卡纸的两条鱼剪下来。尾巴的部分你可能需要用美工刀在切割垫上操作。用喷胶将第二张卡纸粘在一张稍大一点儿的青柠色卡纸上，再将大卡纸粘在对折卡片的封面上。用泡沫胶将两条鱼贴在卡面上。

试试这个小妙招

先给滚筒上色，再用气泡膜从滚筒上取色，印压在纸上，看看是什么效果。

聪明的印章玩家这样做

用手滚上色

· 在光泽卡纸上用手滚涂色更容易，因为光泽卡纸表面镀过膜，墨水在上面的覆盖力和延展性都更好。亚光卡纸也可以用，但更适合小范围填色。

· 虽然大多数印台都可以供手滚使用，但在光泽卡纸上你必须使用染料印台。

· 试试用保鲜膜缠在滚筒上，替代橡皮筋。

· 用手滚涂色前，先用VersaMark™透明印台在光泽卡纸上盖印，这样就可以做出抗色效果，所以等你用手滚涂色的时候，原先盖印的图案就会像魔法般出现！

更多创意

串珠雏菊

这张卡片上使用的多色印台叫作"光谱印台"，是由非常明亮的颜色组成的。但是当你将手滚覆上印台取色时，印台的颜色会融合在一起，混合后的颜色会比之前柔和。用模仿蚀刻线条图案的印章在背景卡纸上盖印作为背景抗色花纹。三朵雏菊的图案要盖印多次，第一组雏菊作为卡片中心的图案，其他的剪下来作为拼贴画，或用泡沫胶粘在卡面上。有些雏菊上还点缀着一圈玻璃珠。

熊宝宝

用VersaMark™透明印台在几张用作背景的光泽卡纸上印上熊宝宝图案，为抗色效果做好准备。再用手滚从粉彩印台上取色，用粉嫩的颜色强调婴儿卡片的主题。在背景纸上用手滚涂色时，由于图案的轮廓使用了VersaMark™印台，因此轮廓部分无法上色，因此熊宝宝的轮廓依然是白色的。卡片中间的大熊宝宝则是用Brilliance™黑色印台盖印在手滚填充的渐变色卡纸上的。用打孔器在其他备用的渐变色背景纸上剪出花朵形状。最后在大熊和花朵背后粘上泡沫胶，再将它们粘在背景卡片上，作为造型的焦点。

阿罗哈，阿罗哈（欢迎，欢迎）

用手滚在背景卡纸上填充出渐变的晚霞色，这就是完美的夏威夷主题配色方案。首先使用VersaMark™印台在背景卡纸上印出邮戳图案，再做出抗色效果，让这些图案成为淡淡的白色花纹。其他做出同样渐变效果的备用卡纸则用来盖印T恤、拖鞋以及用打孔器剪出花朵图样，其中花朵卡片的背后贴上了黑色卡纸，用来填补表面的一圈孔。将冲浪板图案印在背景纸上，再把背景纸贴在黑色卡纸上。最后点缀几个贝壳造型的塑料串珠。

醋酸纤维

重要提示

盖印一横排图案时，先从中间的盖起，再盖两边，这样做比较容易判断和调整图案之间的位置，使它们间隔均匀。

醋酸纤维的表面光滑、不吸水，需要特制的墨水，风干后不可擦除，而且在醋酸纤维不可加热的情况下也不用进行热定型，例如本教程中用到的 StazOn™ 印台。在醋酸纤维上盖印时要特别小心，稍有滑动就会擦花图案。力度要尽量小，以免由于醋酸纤维表面过于光滑而出现印章打滑。

这张卡片中，一串摇晃的装饰球盖印在一张醋酸纤维上，配色较为鲜艳和花哨，再点缀以闪粉。这张卡片充分利用了醋酸纤维透明的特点，将它放置在印有波点的背景之上。另外，金属箔也可以拿来做背景纸。

你需要

◎醋酸纤维，规格：7cm×17cm

◎白色亚麻对折卡片，规格：8cm×17cm

◎StazOn™漆黑色印台

◎装饰球图案、大中小号圆点图案的印章

◎软尺

◎黑色、黄色、橘色和洋红色投影机记号笔或永久性马克笔

◎Diamond Dots™宝石贴

◎黄色闪粉

◎黄色、橘色和洋红色染料印台

◎1/8英寸打孔器

◎孔眼垫、调节器和锤子

◎4枚金色1/8英寸孔眼

◎洋红色透明丝带

1 用黑色印台将三个装饰球印在透明醋酸纤维的中间位置。每次印都要改变图案的角度，营造出一种装饰球在摇晃的感觉。注意印压时不要太用力，以免打滑。至少等待 5 分钟，让墨水风干。

2 检查墨迹是否完全风干，然后弯曲软尺，形成一条可以连接三个装饰球的曲线，用黑色投影机记号笔沿着软尺，在装饰球旁的空白处描出这条弯曲的虚线。

3 用投影机记号笔或永久性马克笔为装饰球填色，每个球的颜色都相同。要有一些留白的区域，让图案更有现代艺术感。

4 用美工刀蘸取宝石贴，贴在装饰球上和挂球的虚线之间。可以用不同大小的宝石贴，让饰物看起来有变化。

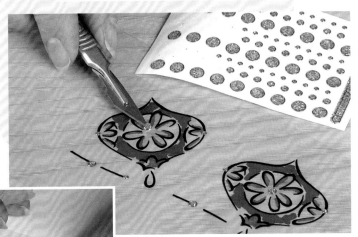

5 用一支精细的画笔，蘸取少量 PVA 胶涂在装饰球中间的花朵上。使用完毕后要彻底清洗画笔。

6 将黄色闪粉撒在花朵上，将余粉抖落在草稿纸上。小心地将草稿纸对折，把闪粉倒回容器。进行下一步操作之前，耐心等待胶水风干。

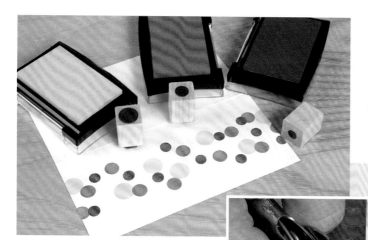

7 在对折卡片的正面印下多个波点，整体呈带状。先用黄色印台印最大的波点，再用橘色印台印中号波点，有些可能会与大波点重叠。最后，用洋红色印台印小波点。如有必要，你也可以再印上几个大号和中号波点。

8 展开白色对折卡片，正面朝上，放在孔眼垫上。把醋酸纤维放置在卡片正面中间位置，正好盖上波点上。用打孔器在醋酸纤维四个角各打一个孔。打孔时把醋酸纤维和卡片拿紧，以免滑落。

9 将一枚孔眼装进其中一个孔中。把卡片翻过来，固定住孔眼防止其掉落。拿出调节器对准孔眼，用锤子敲打调节器顶端。这样做可以把孔眼的四壁锤平。重复以上步骤，把孔眼安进其他三个角落的孔中。

10 再将卡片翻回正面。用打孔器在中间装饰球被悬挂处的两侧各打一个孔。用一段丝带穿过两个孔，系一个蝴蝶结。

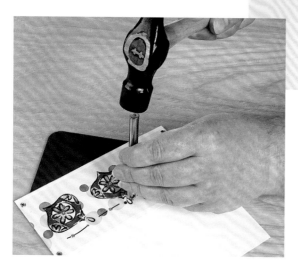

重要提示

醋酸纤维是透明的，所以你无法用双面胶或胶水将它粘贴到卡纸上。用孔眼固定是个好办法，但你也可以在角落开一条缝，然后把醋酸纤维塞进缝里。这种缝可以用特制的打孔器制成。

更多创意

爱心的海洋

这张卡片上使用了两个大大的标签,一个是从醋酸纤维上剪下来的,另一个则来自一张白色卡纸。用StazOn™红色印台在醋酸纤维标签上印下许多爱心,而在白色卡纸爱心上则用对应的粉色染料印台印下爱心图案。之后则用稀释的粉色印台墨水为白色卡纸上的爱心填色。卡上两个小的心形标签用透明丝带和金属丝系在了一起,背后贴上泡沫胶,贴在醋酸纤维表面。这是一张非常有个性的婚礼邀请卡。

美国国庆日

这张卡片将醋酸纤维叠加在背景的蓝色部分和中间印有主图案的白色卡纸上。为了给中间的星条旗上色,使用了蓝色和红色的StazOn™印台。选用了一红一蓝两张卡纸,裁剪成不同的宽度,组合成一个长方形,作为主图案下的背景。卡面上还点缀着木质五角星、Class A Peels™丝带造型贴纸,以及印有字母的方形贴纸,银色按扣还装点着蓝色卡纸的两个对角。

购物狂

在醋酸纤维上用StazOn™黑色印台印下微笑女孩图案并用投影机记号笔填色。随后将裁剪过的醋酸纤维粘在一张稍大一点儿的黄色卡纸上,这时卡纸上已经印有淡淡的20世纪60年代风格的卡通花朵图案。对于女孩的衣服和鞋上的所有颜色,叠加或粘贴在卡面上的纽扣、按扣和卡片的颜色都能与之相呼应。这张卡片特别适合送给购物狂或20世纪60年代风格的爱好者。

造型石

你需要

奶油色亚麻卡纸

奶油色亚麻对折卡片，规格：14cm×14cm

Sponge Daubers™海绵头上色工具

Ancient Page™柑橘色和红褐色印台

两枚标签形状的造型石

拼贴画和蝴蝶图案的印章

Crafter's™印台

铜色油漆笔

金属箔

1/8英寸打孔器

孔眼垫、调节器和锤子

4枚铜色1/8英寸按扣

26号铜丝（直径约0.41mm）

2枚串珠

透明圆形胶纸

造型石是一种万能装饰物，它由人造石制成。造型石有很多不同的形状，包括标签形和心形。造型石具有平坦的表面，很适合用于盖印章和用海绵上色。可以将造型石作为一张卡片的焦点或装饰元素。

在这个教程中，标签形状的造型石上印有一个大大的邮票图案，虽然与众不同，但和卡片造型搭配和谐。简单的金属丝和串珠则使整个作品更具现代感和立体感。

1 使用 Sponge Daubers™ 海绵头上色工具用墨水给标签形造型石上色，用不同的力道上色，做出斑驳效果。首先上一层较浅的柑橘色，风干后再上一层较深的红褐色。用热喷枪加快风干墨水。尽量少拿取造型石，因为墨水还没干的时候很容易掉色。

2　用海绵头完成上色后，用热喷枪加热造型石进行热定型处理。这一操作可以让颜色永久地保留在造型石表面。待造型石完全冷却后，再拿取造型石。

3　先研究拼贴画印章，决定好要盖印的部分。把 Crafter's™ 印台的棕色移开，然后用它给你选好的区域上色。轻轻将印模压按在其中一块造型石上。再在第二块造型石上盖印。然后用热喷枪进行热定型。

4　待造型石完全冷却，用铜色油漆笔给标签外缘的凹槽上色。油漆笔笔头平整，所以很容易上色。待油漆笔的笔迹风干后，再拿取造型石。

6　用 Crafter's™ 棕色印台，将拼贴画图案印压在刚才用海绵头上好色的卡纸上。

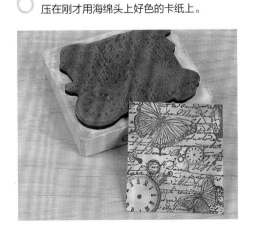

5　剪下一张 7.5cm×6.5cm 的长方形奶油色亚麻卡纸。用柑橘色和红褐色印台及海绵头上色工具为卡纸上色，与给造型石上色的方法相同。这一操作的风干速度很快，所以斑驳的效果很快就能完成。

7 用 Crafter's™ 棕色印台在奶油色亚麻对折卡片的右手边盖印三只蝴蝶，其中一只蝴蝶要越过卡纸边缘，才能让构图更有趣。使用热喷枪风干蝴蝶。将柑橘色和红褐色两块印台印压在一张金属箔上，做成一个简易颜料盘。使用蘸水的画笔，从颜料盘取色，然后给蝴蝶上色。

重要提示

从金属箔做成的调色盘上取色时，可以通过混合不同量的水来调整颜色的浓度。如果颜色用完了，可以再从印台上取色。

8 将一张撕裂的草稿纸放在对折卡片的封面上，盖住蝴蝶的左边区域。用海绵头取柑橘色在草稿纸撕裂的边缘涂色，从卡片顶部涂到底部。涂色时不用绕过蝴蝶。在卡片左边重复这一步骤。

聪明的印章玩家这样做

造型石

· 造型石有两种纹理，一种是镀膜表面，一种类似天然石头。

· 镀膜且漆成象牙白、表面平坦的造型石非常适合用于盖印章和用海绵上色。

· 自然纹理的造型石的表面有侵蚀效果。简单的印章图案和海绵上色比较适合这种造型石。

· 盖印和用海绵上色时，应该用永久性墨水。

9 使用喷胶把拼贴画图案的卡纸贴在对折卡片的左边。用打孔器在这张卡纸的四个角分别打孔，安上按扣，方法和孔眼的安装方法相同。在每个标签的孔里穿过一段铜丝，把铜丝的两端都穿进串珠里。用木签把铜丝卷成盘旋状。用圆形胶纸把标签固定在卡面上。

更多创意

玫瑰盒

用金属丝将三枚造型石和串珠穿成一串，作为造型的焦点。用粉色和紫色印台，借助海绵头为造型石上色，之后在造型石上盖印与背景图案同样的玫瑰图案，但背景板使用的是黑色印台，以形成颜色上的对比。背景卡片上使用了褪色处理。用黑色印台将玫瑰图案盖印在背景卡纸上，为了提亮背景和玫瑰上的某些区域，在这些区域做褪色效果。先把造型石用金属丝穿成一串，再固定在卡面上。

小小橡树果

这张卡使用了浅色印台，借助海绵头上色工具为造型石上的枫叶蚀刻图案上色。随后用深棕色印台将橡树果图案印在了下方平面的卡片上。背景卡纸上使用了和造型石上图案相似的枫叶图案盖印花纹。瓦楞纸、木头珠子和酒椰叶纤维体现了卡片自然的主题。造型石是用胶水粘在卡面上的，这里金属丝纯粹是装饰物。

凯尔特之蓝

这张卡片的造型石表面上有凯尔特风格的蚀刻纹样。先用海绵蘸取蓝色墨水给蚀刻图案上色，再给卡面上色，盖印图案。用海绵蘸取更深的蓝色墨水在蓝色对折卡片上涂色，创作出纵横交错的纹路。将凯尔特图案盖印在中央的卡片上以及卡面四条边上粘着的撕裂毛边纸条上。然后采用绿色珠光粉对所有的凯尔特图案做出浮雕效果。将细金属丝双折，穿过串珠和造型石，最后把造型石固定在卡面上。

弗朗索瓦斯·里德（Françoise Read）

橡皮章设计师，出生于英国伯克郡，曾在中学教授艺术课程，现为英国"木器（Woodware）"公司的设计师。她接触橡皮章12年，有7年橡皮章设计经验，为英国、美国多家公司设计橡皮章，为Peel Off's™贴纸、背景纸以及卡片装饰素材提供宝贵创意，还为《美丽手工》（*Crafts Beautiful*）和《实用手工》（*Practical Crafts*）等杂志供稿。另外，其作品被许多橡皮章主题的书用作配图。她在家乡有自己的设计工作室，经营着几家橡皮章工坊，还经常在英国各处举办展览。